普通高等教育“十一五”国家级规划教材

普通高等教育农业部“十二五”规划教材

普通高等教育“十四五”规划教材

普通高等学校动物医学类专业系列教材

U0965191

兽医药理学实验教程 第3版

Laboratory Course in Veterinary Pharmacology

陈小军　罗　雷　主编

孙志良　主审

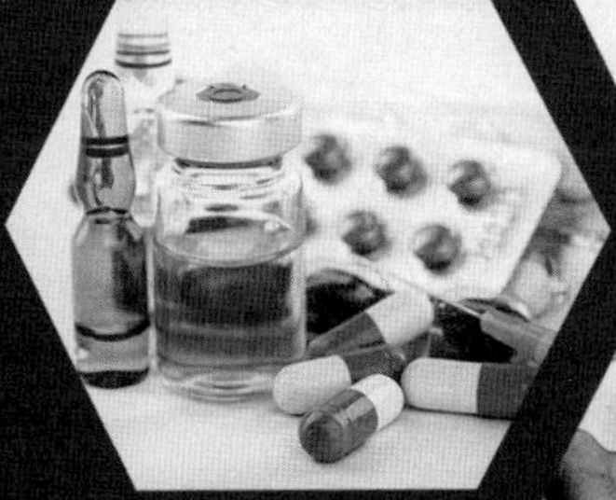

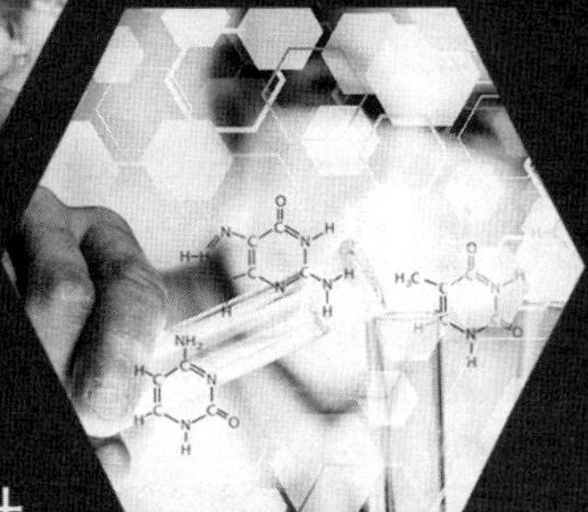

中国農業大學出版社

China Agricultural University Press

·北京·

内容简介

《兽医药理学实验教程》紧扣动物医学及相关专业教育培养目标，同时参考了执业兽医师对兽医药理学实验知识和技能的基本要求，强调兽医药理学实验的鲜明特色，体现兽药研究方法的科技水平，并融入课程思政元素，实现专业教育和思政教育接轨。同时，本教程还融入了本学科近年来的新成果、新知识、新技术、新法规，保持内容与时俱进。本教程共分 8 章，内容包括：兽医药理学实验的基础知识、动物实验的基本操作技术、兽医药理学实验的常用仪器介绍、基础性实验、综合性实验、探索性实验、新兽药临床前研究的基本知识和兽药残留的基本知识等。

本教程可作为高等农业院校动物医学、动物药学、动植物检验检疫及相关专业本科生教材，也可供兽医、高校教师、畜牧兽医科研人员以及兽药和饲料生产技术人员等参考使用。

图书在版编目(CIP)数据

兽医药理学实验教程 / 陈小军，罗雷主编．--3 版．--北京：中国农业大学出版社，2024.1

ISBN 978-7-5655-2682-4

Ⅰ.①兽… Ⅱ.①陈… ②罗… Ⅲ.①兽医学-药理学-实验-高等学校-教材 Ⅳ.①S859.7-33

中国版本图书馆 CIP 数据核字(2021)第 262211 号

书　名　兽医药理学实验教程　第 3 版
Shouyi Yaolixue Shiyan Jiaocheng

作　者　陈小军　罗　雷　主编　孙志良　主审

策划编辑　张　程　　**责任编辑**　张　程

封面设计　郑　川　李尘工作室

出版发行　中国农业大学出版社

社　址　北京市海淀区圆明园西路 2 号　　**邮政编码**　100193

电　话　发行部 010-62733489，1190　　读者服务部 010-62732336
编辑部 010-62732617，2618　　出　版　部 010-62733440

网　址　http://www.caupress.cn　　**E-mail**　cbsszs@cau.edu.cn

经　销　新华书店

印　刷　涿州市星河印刷有限公司

版　次　2024 年 1 月第 3 版　　2024 年 1 月第 1 次印刷

规　格　170 mm×228 mm　　16 开本　　14.75 印张　　270 千字

定　价　49.00 元

第 3 版编审人员

主　　编　陈小军　罗　雷

副 主 编　苑　丽　李　磊

编　　者　（以姓氏笔画为序）

向　华（吉林农业大学）

刘兆颖（湖南农业大学）

孙菲菲（安徽农业大学）

李　磊（安徽科技学院）

张明军（湖南农业大学）

陈小军（湖南农业大学）

苑　丽（河南农业大学）

罗　雷（西南大学）

赵　玲（四川农业大学）

主　　审　孙志良（湖南农业大学）

第 2 版编写人员

主　　编　孙志良　罗永煌

副 主 编　胡功政　陈小军　李英伦　宁康健

编　　者　（以姓氏笔画为序）

宁康健（安徽科技学院）

向　华（吉林农业大学）

刘兆颖（湖南农业大学）

孙志良（湖南农业大学）

李　琳（安徽农业大学）

李英伦（四川农业大学）

张明军（湖南农业大学）

陈小军（湖南农业大学）

罗永煌（西南大学）

胡功政（河南农业大学）

第 1 版编写人员

主　　编　孙志良　罗永煌

副 主 编　李英伦　宁康健

编写人员　（以姓氏笔画为序）

宁康健（安徽科技学院）

孙志良（湖南农业大学）

李　琳（安徽农业大学）

李英伦（四川农业大学）

陈小军（湖南农业大学）

易金娥（湖南农业大学）

罗永煌（西南大学）

赵红梅（长江大学）

第 3 版前言

《兽医药理学实验教程》第 2 版作为普通高等教育农业部“十二五”规划教材于 2015 年 1 月出版。在使用过程中，深得读者认可，并获得“2017 年度全国农业教育优秀教材项目资助”。中国农业大学出版社为打造精品教材启动了“精品与经典教材建设工程”，为响应此计划，也为更好地与时俱进，本教程进行第 3 版修订。第 2 版作者大多是资深教授，为加大力度培养新人，他们高风亮节，从编写者转为审稿人，因此，本版教材增加了在兽医药理学实验教学工作中业绩突出的新生力量，以实现薪火相传，使本教材能更好地适应我国新时代兽医教育事业发展的需要。

第 3 版教材按照新农科要求，全面贯彻党的教育方针，落实立德树人根本任务，融入课程思政元素，确保思政元素与专业内容有机融合，实现专业教育和思政教育接轨，增强学生的“四个意识”和“四个自信”。同时，在保留教材优势和特色的基础上，收集近年来本学科新成果、新知识、新技术、新法规，对教材做与时俱进的修订和拓展，如增加了实验动物福利与 3R 原则，补充了 HPLC 法检查黄芪多糖注射液中非法添加地塞米松磷酸钠和 HPLC 法检查甘草颗粒中非法添加吲哚美辛（中华人民共和国农业部公告第 2448 号），对比和解读了 2020 年《兽药注册管理办法（修订草案征求意见稿）》，新增了兽药残留的基本知识，更新了参考文献等，以更好地拓宽学生的知识面，培养学生创新精神、创新能力，更好地满足本学科发展需要，加强我国兽药产业的科技攻关和创新能力，面向世界科技前沿、面向经济主战场、面向国家重大需求、面向人民生命健康，加快实现高水平科技自立自强。

本教材共 8 章，包括 68 个实验，各兄弟院校可根据自己的实际情况进行选择。

本教材由孙志良主审，编写组成员及所编写内容如下（按章顺序）：陈小军编写第一章、实验二、实验三、实验四、实验六、实验二十九、实验三十、实验四十八、实验四十九、实验五十、实验五十四和实验五十八；赵玲编写第二章及实验十、实验十三、实验十四、实验十七、实验十八、实验十九、实验五十六及实验五十七；苑丽编写第三章及实验十五、实验五十一、实验五十二、实验六十及实验六十二；罗雷编写实验三十四、实验三十五、实验三十六、实验三十七、实验三十八、实验三十九、实验六十六、实验六十七及第七、第八章；李磊编写实验十六、实验二十、实验二十一、实验六十五、实验六十八和附录；孙菲菲编写实验五、实验十一、实验十二、实验二十二、实验二十三、实验二十四、实验三十一、实验三十二、实验三十三、实验四十七和实验六十一；向华编写实验七、实验二十五、实验二十六、实验二十七、实验二十八、实验四十、实验四十一、实验四十二、实验四十三、实验四十四、实验四十五及实验四十六；刘兆颖编写实验一、实验八、实验九、实验五十三、实验五十五和实验五十九；张明军编写实验六十三与实验六十四。

本教材的编写得到了第 2 版编写人员和中国农业大学出版社的大力支持，同时还汲取了兄弟院校的诸多经验，谨此一并致以诚挚的谢意。

由于编者水平和能力有限，书中不足之处恳请读者批评指正。

编　者

2023 年 5 月

第 2 版前言

《兽医药理学实验教程》第 1 版出版于 2006 年，2008 年获批为普通高等教育“十一五”国家级规划教材。本教材在动物药学、动物医学和畜牧兽医等专业本科教学使用过程中，受到了读者的肯定和好评。但由于第 1 版内容偏少，无法更好地适应教学需要，我们根据中国农业大学出版社的要求，在调查和总结了第 1 版教材质量和使用情况的基础上，经过审议和规划，组织国内 7 所农业院校从事兽医药理学理论和实验教学的一线老师共同进行了第 2 版教材的编写修订工作。

第 2 版教材的编写修订，坚持紧扣动物医学类专业本科教育培养目标，力求体现兽医药理学研究方法的新进展。在内容上，仍然坚持紧密结合相应的理论知识，使学生在掌握基本实验技能的同时，加深对理论知识的理解，同时，加大了不同课程间的融合和渗透，更新了部分实验，着力提高实验的综合程度。在实验设计上，将实验分为基础性、综合性、探索性实验 3 个层次，以引导学生逐步从对验证性实验的基本操作，过渡到学习基本的实验设计理念，循序渐进地激发学生创新学习的兴趣，获得基本的科学实验素养。与第 1 版相比，第 2 版教材加强了兽医药理学实验的基础知识内容和基础性实验内容，增加了药物制剂的安全性初步评价实验和新兽药临床前研究的基本知识介绍，引入了高效液相色谱法和分子生物学方法等实验技术在本课程中的应用内容。本教材还注意将教师的科研成果转化为实验教学内容，并引领学生进行一些目前学科比较关注的研究，如对天然植物有效成分的提取及药效学研究、抗菌药抗生素后效应及耐药性等的研究，以拓宽学生的知识面，增强对本学科的兴趣，也便于更好地满足本课程教学的需要。

本教材共 7 章，共编写了 68 个实验，各院校在使用本教材时，可以结合自己学校的学时安排和实际情况进行选择、取舍。

参加本书编写的人员分工如下（按章顺序）：孙志良编写第一章；李英伦编写第二章及实验十、实验十三、实验十四、实验十七、实验十八、实验十九、实验五十六、实验五十七；胡功政编写第三章及实验十五、实验五十一、实验五十二、实验六十、实验六十二；罗永煌编写实验三十四、实验三十五、实验三十六、实验三十七、实验三十八、实验三十九、实验六十六、实验六十七及第七章；陈小军编写实验二、实验三、实验四、实验六、实验二十九、实验三十、实验四十八、实验四十九、实验五十、实验五十四、实验五十八；宁康健编写实验十六、实验二十、实验二十一、实验六十五、实验六十八、附录；李琳编写实验五、实验十一、实验十二、实验二十二、实验二十三、实验二十四、实验三十一、实验三十二、实验三十三、实验四十七、实验六十一；向华编写实验七、实验二十五、实验二十六、实验二十七、实验二十八、实验四十、实验四十一、实验四十二、实验四十三、实验四十四、实验四十五、实验四十六；刘兆颖编写实验一、实验八、实验九、实验五十三、实验五十五、实验五十九；张明军编写实验六十三、实验六十四。

在本书的编写过程中，得到湖南农业大学动物医学院领导和同事们的大力支持，也汲取了兄弟院校的诸多经验，中国农业大学出版社为本书的顺利出版给予了大力支持和帮助，谨此一并致以诚挚的谢意。

鉴于教材编写的难度大，加上编者知识水平有限，书中不妥之处在所难免，恳请读者批评指正。

编　者

2014 年 8 月

第 1 版前言

到目前为止，尚没有一本全国统编的药理学实验教程，为了填补该空白，中国农业大学出版社组织编写了本书。本书是首次统编的全国高等农业院校《兽医药理学实验教程》，在内容和编排上，力求紧密结合相应的理论部分，使学生在掌握基本技能的同时，加深对理论知识的理解，并获得严谨的科学实验素养和扎实的实验技能，旨在不仅培养学生综合运用药理学及相关科学知识的能力，而且使学生能够掌握应用现代实验手段研究药理学的科学方法。许多院校自编的实验教程时间较早，而近年来，药理学实验的方法和仪器都有了很大的发展，所以本教程在结合了各兄弟院校的实验内容后，增加了一些常用的新仪器的使用原理和应用知识。本书分 3 章，内容包括兽医药理学实验的目的、要求、基本知识和技术；兽医药理学总论实验；兽医药理学各论实验。其实验内容分为 3 个层次，即验证性实验、综合性实验、设计及创新性实验，力争做到实验内容的循序渐进及有机结合。

本实验教程内容比教学大纲规定的稍多一些，其中一部分内容可作为参考而不列入课堂实验范围之内。本书共编写了 39 个实验，各兄弟院校可根据自己的情况加以选择。

本实验教程除用作高等农业院校的动物药学、动物医学、畜牧兽医专业本科的实验教材外，也可供药理研究生、进修生、畜牧研究人员、医学教学、科研人员以及兽医临床工作者使用。

本书编写组成员及所编写内容如下（以姓氏笔画为序）：宁康健（安徽科技学院，第三章第二节），孙志良、易金娥（湖南农业大学，第三章第八节、第九节），李英伦（四川农业大学，第一章、第三章第一节），李琳（安徽农业大学，第三章第三节、第七节），罗永煌（西南大学，第二章），陈小军（湖南农业大学，第三章第五节、第六节），赵红梅（长江大学，第三章第四节）。

由于编者水平有限，加上时间仓促，本书缺点和不足之处一定还有不少，恳请读者批评指正。

编写组

2005 年 8 月

目　录

第一章　兽医药理学实验的基础知识

第一节　兽医药理学实验的目的和要求

兽医药理学(veterinary pharmacology)是研究药物与动物机体之间相互作用规律,为临床合理用药、防治疾病提供基本理论的兽医基础学科。兽医药理学实验的目的:通过验证性实验,使学生验证、理解和巩固所学的兽医药理学基本理论;通过综合性实验,培养学生综合分析问题的能力;通过探索性实验,培养学生独立思考、科学思维及创新的能力。总之,通过兽医药理学实验课程的学习,要求学生不仅掌握常用实验技能,用实验结果验证所学理论知识,而且在此基础上能创造性地设计实验,以求培养学生实事求是、严谨客观的科学态度,培养学生对生命现象进行科学观察和综合分析的能力,培养学生的科学思维和创新能力。

在实验教学中,教师要指导学生仔细观察实验过程及变化,注意培养学生实事求是的科学态度,并注意培养学生严谨的工作作风和团结协作的合作精神。学生须做到以下几点。

一、实验前

①熟知实验室各项规章制度并严格遵守。

②认真预习实验指导,了解各次实验的目的和要求,理解实验原理,熟悉实验步骤、操作程序和注意事项等,结合实验内容复习相关理论知识,并运用理论知识预测实验结果。

③预测实验中可能出现的问题或可能发生的误差,并制定防范措施。

二、实验中

①实验中应严肃认真,严禁高声喧哗、打闹,保持实验环境的安静和整洁。

②不得随意动用与本实验无关的仪器设备,对于贵重仪器,在未熟悉其性能前不可轻易调试。

③实验器材的放置力求平稳、整齐、有条不紊,用药后用原瓶塞塞好并放回原处,公用物品不可图个人方便随意移走。

④严格按照实验指导上的步骤进行操作，准确称取动物体重，准确计算给药量，不浪费药品。

⑤仔细、耐心地观察实验现象，实事求是地记录实验结果，及时加上必要的文字注释，以便撰写实验报告时进行分析。

⑥实验过程中，应保持实验条件一致，如有变动，及时进行详细的记录。

⑦实验时应尊重实验动物的生命，善待实验动物，严禁无麻醉下进行各种手术操作。

⑧注意安全，严防触电、火灾、被动物咬伤及中毒事故发生。

三、实验后

①将所用器械冲洗干净、擦干，放到指定位置。如有损坏或缺少，应立即报告指导老师。

②将实验后的动物和标本送至指定处所，按规定妥善处理，严禁随意丢弃。

③实验废弃物，尤其是强酸、强碱或具有放射性的实验废液，实验动物皮毛、组织器官、纸屑等放置到指定地点。

④认真整理实验记录，认真分析实验结果，撰写实验报告，按时交指导老师评阅。

⑤做好实验室的清洁工作，经指导老师检查验收后，方可离开。

第二节　兽医药理学实验设计的基本原则与分组方法

生物个体有差异，为保证实验结果的客观性和可信性，必须遵循以下基本原则进行科学的实验设计。

一、重复

“重复”包含两个方面的内容：一方面是指实验结果良好的可再现性；另一方面是指实验结果来自足够大的样本，具有足够的重复数。在适当的范围内重复次数越多结果越可靠，在注重重复数的同时，还应重视重复数的质量问题，要尽量采用精密、准确的实验方法以减少实验误差，同时应保证每次重复都是在同等的条件下进行，动物方面包括品系、体重、年龄、性别、饲料和生活环境等，测定仪器方面包括仪器精密度、灵敏度和操作水平等，药物方面包括药品批号、厂商、纯度和剂量等。质量不高的重复，不仅浪费人力和物力，也无法得出可靠的实验结论。

重复的样本数过大不符合经济原则，过小则难以得出正确的结论。合理的样本数可依据下列因素确定，一是药效方面，药效作用强则样本数可小，作用弱则须相应地增加样本数；二是生物个体差异方面，变异系数大则样本数大，可信限要求小，则须增加样本数，P 值要求小，则要求加大样本数。

一般情况下，实验动物的例数如下。

(1)小动物(小鼠、大鼠、鱼、蛙)　每组 10～30 例，计量资料每组不少于 10 例，计数资料每组不少于 30 例。

(2)中等动物(兔、豚鼠)　每组 8～12 例，计量资料每组不少于 6 例，计数资料每组不少于 20 例。

(3)大动物(犬、猫、猴、羊)　每组 5～15 例，计量资料每组不少于 5 例，计数资料每组不少于 10 例。

二、随机

由于药理学研究只能从总体中抽出一小部分个体加以研究，即从样本推论总体，因此，要能够保证从样本结果准确地对总体进行推断。"随机"是指对实验对象的实验顺序和分组进行随机处理，使本身具有差异的生物样本能在机会完全均等的条件下，接受处理和分配，从而减轻人为因素的干扰，减少或避免偏性误差。

1. 随机化方法

①抽签法(抽卡片法)：用带数字的卡片(或纸牌)来代替签牌或骰子。

②随机数表法。

③信封法(最常用，操作方便)。

2. 常见的随机实验设计

(1)完全随机化实验设计(单纯随机)　把动物完全随机地分配到各实验组中去。分析方法可采用两均数比较的 t 检验和单因素方差分析等。这是最简单、最常用的实验设计，具有计算简单、动物数也不必相等的优点，但从结构上来说不能把误差减少到最小，在药理实验中较少应用。

(2)区组随机实验设计(均衡随机)　将多方面条件相同或相近的受试对象构成配伍组，如窝别、体重等。每个配伍组由两个或以上的受试对象构成，各配伍组的受试对象数等于处理组数。这种实验设计使得各配伍组受试对象数目不仅相等，而且生物学特性也均衡，这样既缩小了组间差别，又可同时分析处理组和配伍组两因素，因此实验效率高。

三、对照

实验研究中设置对照组的目的是通过对比观察指标，发现在处理因素(如药物等)作用下表现出的某种特异性变化,消除各种无关因素的影响。对照组应符合“齐同可比”原则,要求在进行比较的各实验对象之间,除了处理因素不同外,其他所有非处理因素均应保持完全相同,从而根据处理与不处理之间的差异,观察处理因素带来的特殊效应。一般对照组的类型分为阴性对照组、阳性对照组等。

1. 阴性对照组

不施加处理因素,应产生阴性结果。

(1)空白对照组　不施加任何处理。

(2)假处理对照组　除了不施加被研究的药物处理外,其他处理与实验用药组相同。如给予生理盐水或不含药物的溶媒。

2. 阳性对照组

采用已获得肯定疗效的药物作为对照,应产生阳性结果。

(1)标准品对照组　以标准品或典型药物或工具药为对照,以评价新药的作用强度。

(2)弱阳性对照组　以疗效不够理想的传统疗法或药物作为对照,评定新疗法或新药的作用。

第三节　实验动物用药剂量的确定与计算方法

一、给药剂量的确定

在观察一种药物的作用时,用药剂量是实验前应确定的一个重要问题。药物的药理作用都是在一定剂量范围内产生的,剂量设计不当,可能得出与事实不一致的结果。进行实验设计时,绝不可凭空确定给药剂量。

对前人已经研究过的药物,应该查阅相关文献,充分了解前人的经验。用于同种类动物同一目的的实验,可以沿用文献中的剂量;用于同种类动物相同给药途径、但不同实验目的时,可按照文献剂量进行预实验;对于查不到治疗剂量,但能查到 LD_{50} 的药物,可以在 1/10～1/3 LD_{50} 范围进行实验,以找到有效剂量范围。

对于某种药物,如果查不到待试动物的用药剂量,但能获得人或其他动物的使用剂量,不宜简单地按体重比例增减,应该参照动物之间或动物与人之间等效剂量的换算关系进行推算。严格地说,剂量换算只能得到近似估算值作为进一步实验探讨的线索,不能认为换算剂量就必然等效。因此,应注意在实验中探索真正的有效剂量。不同种类动物间用药剂量的换算,一般按照单位体重所占体表面积的比值进行，如表 1-1 所示。

表 1-1　人和动物间按体表面积折算的等效剂量比值

项目	小鼠 (20 g)	大鼠 (200 g)	豚鼠 (400 g)	兔 (1.5 kg)	猫 (2.0 kg)	猴 (4.0 kg)	犬 (12.0 kg)	人 (70.0 kg)
小鼠 20 g	1.0	7.0	12.25	27.8	29.7	64.1	124.2	387.9
大鼠 200 g	0.14	1.0	1.74	3.9	4.2	9.2	17.8	56.0
豚鼠 400 g	0.08	0.57	1.0	2.25	2.4	5.2	4.2	31.5
兔 1.5 kg	0.04	0.25	0.44	1.0	1.08	2.4	4.5	14.2
猫 2.0 kg	0.03	0.23	0.41	0.92	1.0	2.2	4.1	13.0
猴 4.0 kg	0.016	0.11	0.19	0.42	0.45	1.0	1.9	6.1
犬 12.0 kg	0.008	0.06	0.10	0.22	0.23	0.52	1.0	3.1
人 70.0 kg	0.002 6	0.018	0.031	0.07	0.078	0.16	0.32	1.0

已知 A 种动物每千克体重用药剂量，要估算 B 种动物每千克体重用药的剂量，可先查表 1-1，找出折算系数(W)，再按下式计算：

$$D_B = W \times D_A$$

式中，D_B 为 B 药剂量；D_A 为 A 药剂量；W 为折算系数。

例 1　已知体重 20 g 的小鼠每日肌内注射用药按每千克体重 25 mg，试求家兔的每日肌内注射剂量(以 1.5 kg 计算)。

计算方法：查 A 种动物为小鼠，20 g 小鼠每日肌内注射用药剂量按每千克体重 25 mg，B 种动物为家兔，交叉点为折算系数 $W=27.8$，故家兔用药剂量按每千克体重 $27.8\times25=695$ mg。

对于查不到相关文献的新药，可以按下述方法确定剂量。

先用小鼠粗略地探索中毒剂量或致死剂量，然后用小于中毒量的剂量或取致死量的 1/10～1/5 为应用剂量。植物药粗制剂的剂量多按生药进行折算；化学药品可参考化学结构相似的已知药物，特别是化学结构和作用都相似的药物的剂量。确定动物给药剂量时，要考虑因给药途径不同，所用剂量也不同，如内服量为 100 mg 时，灌肠量应为 100～200 mg，皮下注射量 30～50 mg，肌内注射量为 25～30 mg，静脉注射量为 25 mg。

对于非致死性毒性反应较明显的药物，可采用剂量递增方法，即先采用较小的剂量(如 LD_{50})作预实验。试用后如未出现药效，但也未出现任何不良反应，可将药物剂量递增。离体器官可按 3 倍或 10 倍剂量递增；整体动物增幅由 100％递减至 30％，直至出现明显药效或产生明显的不良反应，见表 1-2。

表 1-2 剂量递增

实验次数	剂量倍数	实验次数	剂量倍数	实验次数	剂量倍数
1	1	5	7	9	21
2	2	6	9	10	28
3	3.3	7	12	11	38
4	5	8	16	12	50

二、药物浓度

药物浓度是指一定量液体或固体制剂中所含主药的分量。常用的浓度表示方法有以下 3 种。

1. 百分比

百分比是按照每 100 份溶液或固体物质中所含药物的份数来表示的浓度。因为药物或溶液的量可以用体积或重量表示，所以百分比包括质量分数、质量浓度和体积分数。

(1)质量分数　指每 100 克溶液中含药物的克数，如 10％氧化锌软膏即 100 g 软膏中含氧化锌 10 g。

(2)质量浓度　指每 100 毫升溶液中所含药物的克数，如 5％葡萄糖即每 100 毫升含葡萄糖 5 g。此法最常用，不加特别注明的药物百分比浓度即指此法。

(3)体积分数　100 mL 溶液中含药物的毫升数。适用于液体药物，如消毒用 75％乙醇，即 100 mL 溶液中含无水乙醇 75 mL。

2. 物质的量浓度(mol/L)

1 L 溶液中含物质的量称为该溶液的物质的量浓度。如0.1 mol/L NaCl 溶液表示 1 L 溶液中含 NaCl 5.84 g(NaCl 相对分子质量为 58.44)。

三、给药剂量的计算

动物实验所用药物的剂量，一般按每千克体重 mg(或每千克体重 g)计算，应用时须从已知药物浓度换算出相当于每千克体重的药液量(mL)，以便于给药。

例 2　小鼠体重 18 g，腹腔注射盐酸吗啡(每千克体重 10 mg)，药物质量浓度为 0.1%，应注射多少毫升？

计算方法：0.1%的溶液每毫升含药物 1 mg，剂量按每千克体重 10 mg，相当的容积按每千克体重 10 mL，小鼠体重为 18 g 换算成千克为 0.018 kg，故 10×0.018=0.18(mL)。

小鼠注射量常按每 10 克体重 mg 计算，换算成容积时也按每 10 克体重 mL 计算较为方便。例 2 中的体重 18 g 小鼠注射 0.18 mL，相当于按每 10 克体重 0.1 mL，再计算其他小鼠药量时很方便。如 20 g 体重小鼠 0.2 mL，依此类推。

例 3　计算体重 1.8 kg 的家兔，静脉注射 20%氨基甲酸乙酯溶液麻醉，按每千克体重 1 g 的剂量注射，应注射多少毫升？

计算方法：兔每千克体重需注射 1 g，注射液为 20%，则氨基甲酸乙酯溶液的注射量应按每千克体重 5 mL，现在兔体重为 1.8 kg，应注射 20%氨基甲酸乙酯溶液用量=5×1.8=9(mL)。

第四节　实验报告的撰写

实验报告既是实验结果的总结，也是理论知识的运用，还是学生学习态度、思维能力、分析问题和运用知识解决问题能力的综合体现。实验报告的撰写，要求学生具有对科学工作的严肃态度和实事求是的工作作风。撰写报告要求文字简练、书写工整、措辞科学精准。实验报告的内容一般包括以下 9 个方面。

①个人信息。姓名、专业、年级、班次、组别。

②实验序号、实验题目。

③实验目的和原理。

④实验材料。

⑤实验方法。当实验材料和方法完全按照实验教材上进行时，可不必抄写。如果实验材料和方法有改动，应作如实简短说明。

⑥实验结果。实验结果是实验报告中最重要的部分，应在对实验过程进行认真观察和记录的前提下，如实、正确、翔实地记录实验数据，绝对不能单凭记忆马虎了事，更不能擅自更改数据。

⑦分析讨论。分析讨论是实验报告的核心部分，要先逐个检查、核实实验数据和观察记录，在此基础上，将实验中观察到的现象、结果与理论知识有机地联系起来进行分析讨论，找出规律性的东西，以说明药物的基本作用及原理。如果所获得的实验结果与理论推测有差异，绝不可为符合理论推测更改实验结果，而应该认真客观地分析其可能原因，包括从仪器设备、实验动物、实验操作和实验操作环境等

方面进行分析考虑。

⑧结论。对实验结果进行分析、归纳，用简明扼要的语言描述最终结论，应具有高度的概括性。

⑨实验体会。应写出实验中个人的独特见解，特别是实验方法的创新、实验临床应用、对实验原理及相关知识的质疑等。

小贴士：为贯彻落实党的二十大精神，我们要以科学的态度对待科学问题，以追求真理的精神和实事求是的工作作风完成每一项实验任务，在此基础上能创造性地设计实验，培养学生严谨客观的科学态度以及科学思维和创新能力。

第二章　动物实验的基本操作技术

第一节　兽医药理学常用实验动物的种类及特点

实验动物种类很多，生理特点各不相同，为保证动物实验的准确性，必须选择适宜的实验动物，并做好动物的饲养管理工作。在兽医药理学实验中常用的实验动物有小白鼠、大白鼠、家兔、豚鼠及蟾蜍等。

一、小白鼠

小白鼠(mouse)属哺乳纲啮齿目鼠科。其温顺易捉，繁殖力强，价格低廉，对实验动物同种、纯种、性别和年龄的要求比较容易满足，生活条件也容易控制，因此是兽医药理学实验最常用的动物，特别适用于需要大样本的实验，如药物筛选、药物半数致死量的测定等。

二、大白鼠

大白鼠(rat)属哺乳纲啮齿目鼠科，受惊时有攻击性，易对实验者造成伤害，应注意防护。大白鼠也可用于多种实验和复制多种动物模型，如复制水肿、炎症、缺氧、休克、发热、胃溃疡、高血压以及肾衰等动物模型；大白鼠的垂体-肾上腺系统很发达，常用来做应激反应、肾上腺及垂体等内分泌功能实验。大白鼠的高级神经活动发达，也广泛用于脑功能定位、神经元细胞外记录等实验中。

三、家兔

家兔(rabbit)属哺乳纲兔形目兔科。其特点是性情温顺，易于饲养。常用于与呼吸功能、泌尿功能、心血管功能有关的实验中，如呼吸运动的调节及呼吸衰竭的处理、血压的调节和心衰的处理等。因家兔对致热原敏感，故常用于研究解热药和检查热原。此外，因家兔耳长而大，血管清晰，便于静脉注射和采血，故也广泛用于药物的血管刺激性及溶血性的研究。

四、豚鼠

豚鼠(guinea-pig)又称天竺鼠、荷兰猪,属哺乳纲啮齿目豚鼠科。其特点是性情温顺,对组胺和结核分枝杆菌敏感。常用于复制哮喘、组胺过敏、结核病模型,以研究平喘药、抗组胺药及抗结核药的作用,也用于药物安全性实验中的全身主动过敏性实验。

五、蟾蜍

蟾蜍(toad)属于两栖纲无尾目。由于进化程度较低,其离体标本(如心脏、腓肠肌等)能在较长时间内保持着自律性和兴奋性。蟾蜍容易获得且价格便宜,故经常被用于研究药物对心脏的影响、反射弧分析以及肌肉收缩等实验中。

第二节　实验动物福利与3R原则

实验动物是兽医药理学实验教学中最重要的实验对象,在学科发展中起着不可替代的作用。在实验过程中,实验者应遵守动物实验的伦理要求,敬畏生命、尊重生命,善待实验动物,切实保障实验动物的福利。

一、实验动物福利

实验动物福利(laboratory animal welfare)是指在动物实验设计、实验动物饲养、操作过程中以及实验操作结束后,采取相应措施,尽可能减轻对动物心理和生理上的各种伤害。实验动物福利不仅是对动物本身的保护,也是对动物实验结果的保证。动物福利包括生理福利、环境福利、卫生福利、行为福利和心理福利5个方面的基本要求,被普遍理解为五大自由:享有不忍受饥渴的自由;享有舒适生活的自由;享有不受痛苦伤害和疾病威胁的自由;享有生活无恐惧感和悲伤感的自由;享有表达天性的自由。

二、3R原则

3R原则是实验动物福利的核心。3R是减少(reduction)、优化(refinement)和替代(replacement)3个词的英文单词的首字母。

1. 减少

减少是指在不影响实验结果准确性的基础上,研究者以尽可能少的动物来获取同样的信息,或以同样数量的动物获得更多的信息。减少动物使用量的方法通常有以下 5 种。①实验设计阶段,制订较为详细的实验计划,科学地计算所需实验动物的数量,避免实验动物的浪费。②实验操作前,尽可能地优化实验步骤,提高实验成功率,以减少实验过程中由于操作的不稳定性导致实验动物的浪费。③充分利用已有的实验数据,包括预实验得到的数据、实验文献的数据等。④根据实验要求,选择适合的实验动物种系和高质量的实验动物。⑤根据实验要求和动物质量决定重复使用某些实验动物,比如对照组实验动物的重复使用。

2. 优化

优化是指在进行动物实验时,改进和完善实验程序,减少给动物造成的不安或疼痛,同时又能保证动物实验结果的可靠性。优化主要包括以下 4 个方面的内容。①实验方案的优化。在实验方法的选择、实验动物的选择与使用和数据统计分析等方面优化方案,减少动物使用量的同时还可获得准确可靠的结果。②实验指标的优化。尽可能全面地记录动物的变化,包括体重、摄食、活动和血液学指标等。同时确定采样时间、采样方式和采样部位。③实验技术的优化。饲养管理人员和实验操作人员在进行操作前应进行相关的培训,熟练准确地进行操作。④实验环境的优化。充分考虑动物生理和心理上的需求,优化实验环境的温度、相对湿度、噪声、压差、照度、笼具、氨浓度、饲料、饮水和垫料等。

3. 替代

替代是指在进行科学实验时,在能达到相同实验效果的前提下,尽量用其他方法取代动物实验,或用低等动物替代高等动物进行实验,替代主要体现在以下 4 个方面的内容。①用低等动物代替高等动物、用小动物代替大动物。②用细胞和组织学实验代替整体动物实验。③利用物理、化学和生物信息等技术和方法替代整体动物实验。④利用数学及计算机模拟动物的各种生理反应代替动物实验。

第三节 实验动物的选择、饲养管理与编号

一、实验动物的选择

实验目的不同,实验动物的选择亦不相同。实验动物的种属、品系和个体适合与否,往往是实验研究成败的关键。一般来说,用于实验研究的动物应具备个体间的均匀性、某些遗传性能的稳定性和来源较为充足这 3 个基本要求。

1. 健康状况

根据实验要求,除应考虑到获得动物的难易、是否经济外,首先必须保证动物

健康。动物健康的判断标准是:喜食好动,四肢强壮有力,双目明亮有神,反应灵敏,皮毛柔软有光泽,无脱毛、蓬乱现象,眼无分泌物或痂样积垢,肛门干净,体温正常。

2.年龄

一般成年动物对药物的反应性比较稳定,幼年动物对药物的毒性比较敏感。因而观察药物的各种药理作用多用成年动物,进行亚急性或慢性毒性实验则常用幼年动物。急性实验一般选用成年动物,因其机能活动和生理反应已达到正常水平,手术耐受性好。在同一批实验中,各组动物年龄、体重应尽量一致(体重相差不宜超过20%)。若相差悬殊,将影响实验结果的可靠性。

3.种属

具体根据实验内容而定,原则是动物的解剖、生理特点应尽量符合实验要求。例如,家兔颈部的迷走神经、交感神经和主动脉神经(又名减压神经)各自成束,适宜于观察动脉血压的神经、体液调节和减压神经放电;而豚鼠中耳和内耳的解剖结构特殊,有利于观察微音器效应和迷路机能。

4.性别

动物对药物的反应性有时还存在着性别差异,如性激素类药物等,所以同一批实验中,应将雌雄动物平均分配于各组,常采用雌雄各半的方法。动物的性别鉴别,大动物多无困难,大、小鼠主要根据肛门和生殖孔之间的距离来判断,距离近者为雌,远者为雄,进行亚急性与慢性实验时必须将雌雄动物分笼饲养。

5.生理状态

动物的生理状态,如怀孕、泌乳等,可以显著地改变对药物的反应性。因此,除观察药物对妊娠及胎儿的影响以外,一般都不用怀孕或泌乳的动物。

6.动物实验前准备

一般在进行动物实验前12 h停止喂食,但仍需喂水。若进行慢性实验,还需对动物进行适当的训练,以了解该动物是否适合本实验并使其熟悉环境与实验者。手术前一天要给动物做清洁处理,必要时洗澡,以利消毒,术后要加强喂养与护理。

二、实验动物的饲养管理

要保证有健康的动物供实验之用,必须搞好动物的饲养管理。这首先要在思想上加以重视,同时也要有饲养管理方面的知识,需做好以下几方面工作。

1. 合理喂养

要根据各种动物的特性，饲喂适当饲料。如家兔是食草动物，除喂给精饲料外，还要喂给适量的青饲料。精饲料有大麦、麸皮、玉米皮、豆饼、豆渣等；青饲料为新鲜的蔬菜及青草等。大白鼠喜吃湿的蒸饼，可将精饲料按配方配制好，做成块状蒸饼喂饲。小白鼠喜吃香脆的干饼，可用精饲料烤成小方块饼干喂饲，目前多使用全价颗粒料。豚鼠不喜欢吃粒食，应将粒食磨成粉，与精饲料按一定比例配制好，加适量水调和后喂饲。大、小鼠和豚鼠也要喂一定量青饲料，并供给足量的清洁饮水。犬为食肉动物，要喂给一定量的肉类和谷类、蔬菜等，一般应加以烹调。猴则为素食动物，每天除喂给米饭或面食外，应给一定量的新鲜果品。兔、豚鼠、犬和猴等通常早晚各一次，大白鼠和小鼠每天一次即可，全价颗粒料则采用自由采食的方式。

2. 加强管理

要根据各种动物的特性，安排良好的饲养环境。兔舍应保持通风良好、干燥、温度适宜，夏天要注意降温。大白鼠宜放在铁丝或塑料笼内，饲养房间要安静、通风和干燥。小白鼠性喜安静、光线较暗的环境，可放在铁皮盒或塑料笼或瓦罐内饲养，暑期也应注意降温。豚鼠需要一定的活动空间，可放在水泥池子里饲养，池底铺垫清洁的干草，并尽量避免惊扰。

雌雄动物一般都应分开饲养，以免怀孕。随时注意动物的健康状况，发现患病动物时须立即隔离，并做适当处理，如进行治疗、处死及环境消毒等。特别应当注意搞好动物笼舍的清洁卫生工作，经常清洗食具，不喂饲霉烂变质食物，及时清除动物的排泄物。

三、实验动物的编号

实验动物常需要标记以示区别。编号的方法很多，根据动物的种类、数量和观察时间长短等因素来选择合适的标记方法。

1. 挂牌法

将带有编号的圆形或方形金属牌(最好用铝或不锈钢的，它可长期使用不生锈)，拴在动物颈部的皮带上，或制成颈圈固定在动物颈部。该法适用于犬等大型动物。

2. 打号法

用耳号钳将号码打在动物耳朵上。打号前用蘸有酒精的棉球擦净耳朵，用耳号钳刺上号码，然后在烙印部位用棉球蘸取溶在食醋里的黑墨水擦抹。该法适用于耳朵比较大的兔、犬等动物。

3. 针刺法

用七号或八号针头蘸取少量碳素墨水，在耳部、前后肢以及尾部等处刺入皮下，在受刺部位留有一黑色标记。该法适用于大、小鼠、豚鼠等。在实验动物数量少的情况下，也可用于兔、犬等动物。

4. 化学药品涂染被毛法

白色家兔、小鼠及大鼠可用化学染料涂于被毛上进行标号。如给小鼠编号1～10号时，将小鼠背部分前肢、腰部、后肢的左、中、右部共9个区域，用3%～5%苦味酸溶液进行涂色，从右到左1～9号涂成黄色，第10号不涂黄色。如加上其他颜色的染料还可进行1～100号和1～1 000号等更多编号。经常应用的涂染化学药品有3种：①涂染红色，0.5%中性红或品红溶液；②涂染黄色，3%～5%苦味酸溶液；③涂染黑色，煤焦油的酒精溶液。

根据实验分组编号的需要，可用一种化学药品涂染实验动物背部被毛即可。如果实验动物数量较多，则可以选择2种染料。注意被毛染色编号对实验周期短的实验动物较合适，时间长了染料易褪掉；但对哺乳期的仔畜不适合，因母畜容易咬死仔畜或把染料舔掉。

5. 剪毛法

剪毛法适用于大、中型动物，如犬、兔等。用剪毛刀在动物一侧或背部剪出号码，此法编号清楚可靠，但只适于短期观察。

6. 打孔或剪缺口法

可用打孔机在兔耳一定位置打一小孔表示一定的号码。如用剪刀剪缺口，应在剪后用滑石粉捻一下，以免愈合后不易查看。该法可以编至1～9 999号，此种方法常在饲养大量动物时作为终身号采用。

第四节　实验动物的捉持与给药方法

一、实验动物的捉持

在进行实验时，为了不损伤动物的健康，不影响观察指标，并防止被动物咬伤，首先要限制动物的活动，使动物处于安静状态，工作人员必须掌握合理的抓取固定方法。抓取动物前，必须对各种动物的一般习性有所了解。操作时要小心仔细、大胆敏捷、熟练准确，不能粗暴，不能恐吓动物。同时，要爱惜动物，使动物少受痛苦。

1. 小鼠

小鼠性情较温顺，一般不会咬人，比较容易抓取固定。通常用右手提起小鼠尾巴将其放在鼠笼盖或其他粗糙表面上，在小鼠向前挣扎爬行时，用左手拇指和食指捏住其双耳及颈部皮肤，将小鼠置于左手掌心，无名指和小指夹其背部皮肤和尾部，即可将小鼠完全固定。在一些特殊的实验中，如进行尾静脉注射时，可使用特殊的固定装置进行固定，如尾静脉注射架或粗玻璃试管。如要进行手术或心脏采血应先行麻醉再操作，如进行解剖实验则必须先行无痛处死再进行。

2. 大鼠

大鼠的门齿很长，在抓取方法不当而受到惊吓或激怒时易咬伤操作者手指，所以，不要突然袭击式地去抓它，取用时应轻轻抓住其尾巴后提起，置于实验台上，用玻璃钟罩扣住或置于大鼠固定盒内，这样即可进行尾静脉取血或注射。如要作腹腔注射或灌胃等操作时，实验者应戴上棉纱手套(有经验者也可不戴)，右手轻轻抓住大鼠的尾巴向后拉，但要避免抓其尖端，以防尾巴尖端皮肤脱落，左手抓紧鼠两耳和头颈部的皮肤，并将大鼠固定在左手中，右手即可进行操作。

3. 家兔

家兔比较驯服，不会咬人，但脚爪较尖，应避免家兔在挣扎时抓伤皮肤。常用的抓取方法是先轻轻打开笼门，勿使其受惊，随后手伸入笼内，从头前阻拦它跑动。然后一只手抓住兔的颈部皮毛，将兔提起，用另一只手托其臀，或用手抓住背部皮肤提起来，放在实验台上，即可进行采血、注射等操作。因家兔耳大，故人们常误认为抓其耳可以提起，或有人用手挟住其腰背部提起均为不正确的操作。

在实验工作中常用兔耳作采血、静脉注射等用，所以家兔的两耳应尽量保持不受损伤。家兔的固定方法有盒式固定和台式固定。盒式固定适用于采血和耳部血管注射，台式固定适用于测量血压、呼吸和手术操作等。

4. 豚鼠

豚鼠胆小易惊，抓取时必须稳、准、迅速。先用手掌扣住鼠背，抓住其肩胛上方，将手张开，用手指环握颈部，另一只手托住其臀部，即可轻轻提起、固定。

5. 蟾蜍

抓取蟾蜍时，可先在蟾蜍体部包一层湿布，用左手将其背部贴紧手掌固定，把后肢拉直，并用左手的中指、无名指及小指夹住，前肢可用拇指及食指压住，右手即可进行实验操作。抓取蟾蜍时不要挤压两侧耳部突起的毒腺，以免蟾蜍将毒液射到实验者眼睛里。需要长时间固定时，可将蟾蜍麻醉或损毁脑脊髓后，用大头针钉在蛙板上。

二、给药方法

在动物实验中，为了观察药物对机体功能、代谢及形态等的影响，常需要给动物用药。给药途径和方法多种多样，可根据实验目的、实验动物种类和药物剂型、剂量等情况确定。

(一)经口给药

1. 拌料或饮水给药法

把药物拌入饲料或溶于饮水中让动物自由摄取。此法优点在于简单方便，缺点是不能保证剂量准确。一般适用于对动物疾病的防治或某些药物的毒性实验。

2. 灌胃法

在急性实验中，多采用灌胃法，此法剂量准确。灌胃法是用灌胃器将所应投给动物的药灌到动物胃内，灌胃器由注射器和特殊的灌胃针构成。小鼠的灌胃针长4～5 cm，直径为1 mm，大鼠的灌胃针长6～8 cm，直径约1.2 mm。灌胃针的尖端焊有一小圆金属球，金属球为中空，焊金属球的目的是防止针头刺入气管或损伤消化道。针头金属球端弯曲成20°左右的角度，以适应口腔、食道的生理弯曲。

(1)鼠类的灌胃法　用左手固定鼠，右手持灌胃器，将灌胃针从鼠的口腔插入，压迫鼠的头部，使口腔与食道成一直线，将灌胃针沿咽后壁慢慢插入食道，可感到轻微的阻力，此时可略改变一下灌胃针方向，以刺激引起吞咽动作，顺势将药液注入。一般灌胃针插入小鼠深度为3～4 cm，大鼠或豚鼠为4～6 cm。常用灌胃量小鼠为0.2～1 mL，大鼠1～4 mL，豚鼠1～5 mL。

(2)兔的灌胃法　先将兔固定，再将开口器固定于兔口中，压住舌头，然后将灌胃管从开口器的小孔插入兔口中，再慢慢沿上腭壁插入食道，将灌胃管的外端浸入水中，如有气泡逸出，则说明灌胃管误入气管，需拔出重插。插好后，将注射器连于灌胃管将药液推入。灌胃结束后，先拔出灌胃管，再拿出开口器。一次灌胃能耐受的最大容积为80～100 mL。

(二)注射给药

1. 皮下注射

注射时用左手拇指及食指轻轻捏起皮肤，右手持注射器将针头刺入，固定后即可进行注射。一般小鼠在背部或前肢腋下，大鼠在背部或侧下腹部；豚鼠在后大腿内侧、背部等脂肪少的部位；兔在背部或耳根部注射；蛙可在脊背部淋巴囊注射。拔针时，轻按针孔片刻，以防药液溢出。

2. 皮内注射

此法用于观察皮肤血管的通透性变化或观察皮内反应。如将一定量的放射性同位素溶液、颜料或致炎物质、药物等注入皮内，观察其消失速度和局部血液循环变化，作为皮肤血管通透性观察指标之一。方法：将动物注射部位的毛剪去，消毒后，用皮试针头紧贴皮肤皮层刺入皮内，然后将针头向上挑起并再稍刺入，即可注射药液。注射后可见皮肤表面鼓起一白色小皮丘。

3. 肌内注射

当给动物注射不溶于水而混悬于油或其他溶剂中的药物时，常采用肌内注射。肌内注射一般选用肌肉发达、无大血管经过的部位，多选臀部。

注射时针头要垂直快速刺入肌肉，如无回血现象即可注射。给大、小鼠肌内注射时，选大腿外侧肌肉进行注射。

4. 腹腔注射

先将动物固定，腹部用酒精棉球擦拭消毒，然后在左或右侧腹部将针头刺入皮下，沿皮下向前推进约 0.5 cm，再使针头与皮肤呈 45°方向穿过腹肌刺入腹腔，此时有落空感，回抽无肠液、尿液后，缓缓推入药液。此法大鼠和小鼠用得较多。

5. 静脉注射

将药液直接注射于静脉管内，使其随着血液分布全身，迅速奏效。但排泄较快，作用时间较短。

（1）小鼠、大鼠的静脉注射　常采用尾静脉注射。鼠尾静脉共有 3 根，左右两侧和背侧各 1 根，两侧尾静脉比较容易固定，故常被采用。操作时，先将动物固定在暴露尾部的固定器内（可用烧杯、铁丝罩或粗试管等物代替），用 75％酒精棉球反复擦拭使血管扩张，并可使表皮角质软化，以左手拇指和食指捏住鼠尾两侧，使静脉充盈，注射时针头尽量采取与尾部平行的角度进针。开始注射时宜少量缓注，如无阻力，表示针头已进入静脉，这时用左手指将针和尾一起固定起来，解除对尾根部的压迫后，便可进行注射。如有白色皮丘出现，说明未刺入血管，应重新向尾部方向移动针头再次刺入。注射完毕后把尾部向注射侧弯曲以止血。如需反复注射，尽量从尾的末端开始。一次的注射量按每 10 g 体重 0.1～0.2 mL。

（2）豚鼠的静脉注射　一般采用前肢皮下头静脉。豚鼠的静脉管壁较脆，注射时应特别注意。

（3）兔的静脉注射　一般采用外耳缘静脉，因其表浅易固定。注射部位除毛后，用75%酒精消毒，手指轻弹兔耳，使静脉充盈，左手食指和中指夹住静脉的近心端，拇指绷紧静脉的远心端，无名指及小指垫在下面，右手持注射器，尽量从静脉的远端刺入血管，移动拇指于针头上以固定，放开食、中指，将药液注入，然后拔出针头，用手压迫针眼片刻以止血。

6. 淋巴囊注射

蛙类常采用此法，其皮下有数个淋巴囊，注入药物甚易吸收。腹部淋巴囊和头部淋巴囊常作为蛙类给药部位。一般多选用腹部淋巴囊给药。注射时将针头从蛙大腿上端刺入，经大腿肌层入腹壁肌层，再进入腹壁皮下，即进入淋巴囊，然后注入药液。

（三）其他给药途径

（1）呼吸道给药　呈粉尘、气体及蒸汽或雾等状态的药物或毒气，可通过呼吸道给药。如实验时给动物乙醚作吸入麻醉、用锯末烟雾制作慢性气管炎动物模型等，特别在毒理学实验中应用更为广泛。

（2）皮肤给药　为了鉴定药物或毒物经皮肤的吸收作用、局部作用、致敏作用和光感作用等，均需采用经皮肤给药方法。如兔和豚鼠，将其背部一定面积的皮肤脱毛后，用一定的药液涂在皮肤上，药液经皮肤吸收。

（3）脊髓腔内给药　此法主要用于椎管麻醉。

（4）脑内给药　此法常用于微生物学动物实验，将病原体等接种于被检动物脑内，然后观察接种后的各种变化。

（5）直肠内给药　此种方法常用于动物麻醉。兔直肠内给药时，常采用灌肠的胶皮管或用14号导尿管送药。

（6）关节腔内给药　此法常用于关节炎的动物模型复制。

三、被实验动物咬伤伤口的处理

在对实验动物的操作过程中，操作人员若不慎被实验动物咬伤，要立即对伤口进行处理。迅速用洁净的水或肥皂水对伤口进行流水清洗，彻底清洁伤口。然后以75%酒精、2%～3%碘酒对伤口进行消毒，一般无须包扎伤口。如果伤口较深，则需到医院进一步处理。

第五节　实验动物的麻醉方法

麻醉（anesthesia）的基本任务是消除动物实验过程中的疼痛和不适感觉，保障实验动物的安全，使动物在实验中服从操作，确保实验顺利进行。

一、常用的麻醉药

（一）局部麻醉药

常用的局部麻醉药物有普鲁卡因和利多卡因。普鲁卡因毒性小，见效快，常用于局部浸润麻醉，用时配成 0.5%～1%。利多卡因见效快，组织穿透性好，常用 1%～2%溶液作为大动物神经干阻滞麻醉，也可用 0.25%～0.5%溶液做局部浸润麻醉。

（二）全身麻醉药

1. 乙醚

乙醚吸入法是最常用的麻醉方法，各种动物都可应用。其优点较多，如其麻醉量和致死量相差大，麻醉深度易于掌握，比较安全，而且麻醉后恢复比较快。但由于乙醚局部刺激作用大，可刺激上呼吸道黏液分泌增加；通过神经反射还可扰乱呼吸、血压和心脏的活动，并且容易引起窒息，在麻醉过程中需注意。其缺点是需要专人负责管理麻醉，在麻醉初期出现强烈的兴奋现象，对呼吸道又有较强的刺激作用，因此，需在麻醉前给予一定量的吗啡和阿托品（基础麻醉），通常在麻醉前 20～30 min，皮下注射盐酸或硫酸吗啡（每千克体重 5～10 mg）及阿托品（每千克体重 0.1 mg）。

盐酸吗啡可降低中枢神经系统兴奋性，提高痛阈，还可节省乙醚用量及避免出现乙醚麻醉过程中的兴奋期。阿托品可对抗乙醚刺激呼吸道分泌黏液的作用，可避免麻醉过程中发生呼吸道堵塞，或手术后发生吸入性肺炎。

进行手术过程中，需要继续给予乙醚，以维持麻醉状态。慢性实验预备手术的过程中，仍用麻醉口罩给药，而在一般急性使用过程中，麻醉后可以先进行气管切开术，通过气管套管连接麻醉瓶继续给药。在继续给药过程中，要时常检查角膜反射和观察瞳孔大小，如发现角膜反射消失，瞳孔突然放大，应立即停止麻醉，万一呼吸停止，必须立即供氧或施行人工呼吸，待恢复自动呼吸后再进行后续操作。

2. 苯巴比妥钠

苯巴比妥钠作用持久，应用方便，在普通麻醉用量情况下对于动物呼吸、血压和其他功能无明显影响。通常在实验前 0.5～1 h 用药。使用剂量及方法：犬按每千克体重 80～100 mg 腹腔注射，按每千克体重 70～120 mg 静脉注射（一般每千克体重给药 70～80 mg 即可麻醉，但有的动物需给药 100～120 mg 才能麻醉，具体用量可根据各个动物的敏感性而定）。兔按每千克体重 150～200 mg 腹腔注射。

3. 戊巴比妥钠

戊巴比妥钠的麻醉时间不太长，一次给药的有效时间可延续 3～5 h。给药后对动物循环和呼吸系统无显著抑制作用，药品价格也很便宜，所以十分适合一般使用要求。用时配成 1%～3%生理盐水溶液，必要时可加温溶解，配好的药液在常温下放置1～2 个月不失药效。静脉或腹腔注射后很快就进入麻醉期，使用剂量及方法：犬、猫、兔按每千克体重 30～35 mg 静脉注射，按每千克体重 40～45 mg 腹腔注射。

4. 硫喷妥钠

硫喷妥钠为黄色粉末，有硫臭，易吸水。其水溶液不稳定，故必须现用现配，常用浓度 1%～5%。此药作静脉注射时，由于药液迅速进入脑组织，故诱导快，动物很快被麻醉。但苏醒也很快，一次给药的麻醉时效仅维持 0.5～1 h。在时间较长的实验过程中，可重复注射，以维持一定的麻醉深度。此药对胃肠道无副作用，但对呼吸有一定抑制作用，由于其抑制交感神经较副交感神经为强，常有喉头痉挛，因此注射时速度必须缓慢。实验剂量和方法：犬按每千克体重 20～25 mg 静脉注射；兔按每千克体重 7～10 mg 静脉注射。静脉注射速度以 15 s 注射 2 mL 左右为宜。小鼠 1%溶液腹腔注射 0.1～0.3 mL/只；大鼠 0.6～0.8 mL/只。

5. 氨基甲酸乙酯

氨基甲酸乙酯是比较温和的麻醉药，安全度大。多数实验动物都可使用，更适合于小动物。一般用作基础麻醉，如实验全过程都用此药麻醉时，动物保温尤为重要。使用时常配成 20%～25%水溶液，犬、兔按每千克体重 0.75～1 g 静脉、腹腔注射。但在作静脉注射时必须溶在生理盐水中，配成 5%或 10%溶液，按每千克体重注射 10～20 mL。鼠按每千克体重 1.5～2 g，由腹腔注射。

以上麻醉药种类虽较多，但各种动物使用的种类多有所侧重。如做慢性实验的动物常用乙醚吸入麻醉（用吗啡和阿托品作基础麻醉）；急性动物实验中犬、猫和大鼠常用戊巴比妥钠麻醉，家兔和青蛙、蟾蜍常用氨基甲酸乙酯，大鼠和小鼠常用硫喷妥钠或氨基甲酸乙酯麻醉。

二、麻醉方法

（一）全身麻醉

麻醉药经呼吸道吸入、静脉或肌内注射进入体内，产生中枢神经系统的抑制，呈现意识丧失，全身疼痛消失，肌肉松弛和反射抑制等现象，这种麻醉方法称全身麻醉。其特点为中枢神经系统的抑制深浅程度与血液内药物浓度有关，当麻醉药从体内排出或被代谢后，动物逐渐清醒，不留后遗症等。

1. 吸入麻醉法

麻醉药以蒸汽或气体状态经呼吸道吸入而使中枢神经系统受抑制，称吸入麻醉，常用乙醚作麻醉药。吸入法对多数动物有良好的麻醉效果，其优点是易于调节麻醉的深度和较快地终止麻醉，缺点是中、小型动物较适用，对大型动物如犬的吸入麻醉操作复杂，通常不用。

具体方法：使用乙醚麻醉兔及大、小鼠时，可将动物放入玻璃麻醉箱内，把装有浸润乙醚棉球的小烧杯放入麻醉箱，然后观察动物的反应。开始动物自主活动，不久动物出现异常兴奋，不停地挣扎，随后排出大小便。渐渐地动物由兴奋转为抑制，倒下不动，呼吸变慢。如动物四肢紧张度明显减低，角膜反射迟钝，痛觉消失，则表示动物已进入麻醉，可进行手术等操作。在实验过程中应随时观察动物的变化，必要时把乙醚烧杯放在动物鼻部，以维持麻醉的时间与深度。

2. 注射麻醉法

常用的麻醉药有戊巴比妥钠、硫喷妥钠和氨基甲酸乙酯等。

大、小鼠和豚鼠常采用腹腔注射法进行全身麻醉。犬、兔等动物既可腹腔注射给药，也可静脉注射给药。在麻醉兴奋期出现时，动物挣扎不安，为防止注射针滑脱，常用吸入麻醉法进行诱导，待动物安静后再行腹腔或静脉穿刺给药麻醉。

在注射麻醉药物时，先用麻醉药总量的 2/3，密切观察动物生命体征的变化，如已达到所需麻醉的程度，余下的麻醉药则不用，避免麻醉药过量抑制动物延脑的呼吸中枢从而导致动物死亡。

(二)动物局部麻醉

用局部麻醉药阻滞周围神经末梢或神经干、神经节、神经丛的冲动传导，产生局部性的麻醉区，称为局部麻醉。其特点是动物保持清醒，对重要器官功能干扰轻微，麻醉并发症少，是一种比较安全的麻醉方法。适用于大、中型动物短时间内的实验。

局部麻醉操作方法很多，可分为表面麻醉、区域阻滞麻醉、神经干(丛)阻滞麻醉以及局部浸润麻醉。

1. 表面麻醉

表面麻醉利用局部麻醉药的组织穿透作用，透过黏膜，阻滞表面的神经末梢，称表面麻醉。在口腔及鼻腔黏膜、眼结膜、尿道等部位手术时，常将麻醉药涂敷、滴入、喷于表面上，或尿道灌注给药，使之麻醉。

2. 区域阻滞麻醉

在手术区四周和底部注射麻醉药阻断疼痛的传导，称区域阻断麻醉。常用药为普鲁卡因。

3. 神经干(丛)阻滞麻醉

在神经干(丛)的周围注射麻醉药，阻滞其传导，使其所支配的区域无疼痛，称神经干(丛)阻滞麻醉。常用药为利多卡因。

4. 局部浸润麻醉

沿手术切口逐层注射麻醉药，靠药液的张力弥散，浸入组织，麻醉感觉神经末梢，称局部浸润麻醉。常用药为普鲁卡因。在施行局部浸润麻醉时，先固定好动物，用0.5%～1%盐酸普鲁卡因皮内注射，使局部皮肤表面呈现一橘皮样隆起，称皮丘，然后从皮丘进针，向皮下分层注射，在扩大浸润范围时，针尖应从已浸润过的部位刺入，直至要求麻醉区域的皮肤都浸润为止。每次注射时，必须先抽注射器，以免将麻醉药注入血管内引起中毒反应。

三、使用全身麻醉药的注意事项

给动物施行麻醉术时，一定要注意方法的可靠性，根据不同的动物选择合适的方法，特别是较贵重的大型动物。

①麻醉药的用量，除参照一般标准外，还应考虑个体对药物的耐受性，而且体重与所需剂量的关系也并不是绝对成正比的。一般来说，衰弱和过胖的动物，其单位体重所需剂量较小，在使用麻醉药过程中，随时检查动物的反应情况，尤其是采用静脉注射，绝不可将按体重计算出的用量匆忙注射完。

②动物在麻醉期体温容易下降，要采取保温措施。

③静脉注射必须缓慢，同时观察肌肉紧张、角膜反射和对皮肤夹捏的反应，当这些活动明显减弱或消失时，应立即停止注射。配制的药液浓度要适中，不可过高，以免麻醉过急；但也不能过低，以减少注入溶液的体积。

④做慢性实验时，在寒冷的冬季，麻醉剂在注射前应加热至动物体温水平。

第六节　实验动物的采血与处死方法

一、实验动物的采血法

实验研究中，经常要采集实验动物的血液进行常规检测、细胞学实验或生物化学分析，故必须掌握正确的采集血液的技术。采血方法的选择，主要决定于实验的目的和所需血量以及动物种类。

(一)大鼠、小鼠的采血方法

1. 剪尾采血

需血量很少时常用本法，如红细胞和白细胞计数、血红蛋白测定、制作血涂片等。动物麻醉后，将尾尖剪掉约 5 mm，从尾根部向尾尖部按摩，血即从断端流出。也可用刀割破尾动脉或尾静脉，让血液自行流出。采血结束后，消毒、止血。用此法每只鼠可采血 10 余次。小鼠每次可采血约 0.1 mL，大鼠约 0.4 mL。

2. 眼眶后静脉丛采血

用一根特制的长 7～10 cm 硬的玻璃取血管，其一端内径为 1～1.5 mm，另一端逐渐扩大，细端长约 1 cm 即可，将取血管浸入 1%肝素溶液，干燥后使用。采血时，左手拇指及食指抓住鼠两耳之间的皮肤使鼠固定，并轻轻压迫颈部两侧，以阻碍静脉回流，使眼球充分外突，提示眼眶后静脉丛充血。右手持取血管，将其尖端插入内眼角与眼球之间，轻轻向眼底方向刺入，当感到有阻力时即停止刺入，旋转取血管以切开静脉丛，血液即流入取血管中。采血结束后，拔出取血管，放松左手，出血即停止。用本法在短期内可重复采血。小鼠一次可采血 0.2～0.3 mL，大鼠一次可采血 0.5～1.0 mL。

3. 颈(股)静脉或颈(股)动脉采血

将鼠麻醉，剪去一侧颈部外侧被毛，做颈静脉或颈动脉分离手术，用注射器即可抽出所需血量。大鼠多采用股静脉或股动脉，方法：大鼠经麻醉后，剪开腹股沟处皮肤，即可看到股静脉，用注射器采血即可，股动脉较深时需剥离出，再采血。

4. 摘眼球采血

此法常用于鼠类大量采血。采血时，用左手固定动物，压迫眼球，尽量使眼球突出，右手用镊子或止血钳迅速摘除眼球，眼眶内很快流出血液。

5. 断头采血

用剪刀迅速剪掉动物头部，立即将动物颈朝下，提起动物，血液可流入已准备好的容器中。

（二）豚鼠采血方法

1. 耳缘切口采血

先将豚鼠耳消毒，用刀片沿血管方向割破耳缘，切口约长 0.5 cm，在切口边缘涂抹 20% 枸橼酸钠溶液，预防血凝，则血可自切口处流出。此法采血每次可采 0.5 mL。

2. 背中足静脉采血

固定豚鼠，将其右或左后肢膝关节伸直，脚背消毒，找出足静脉，左手拇指和食指拉住豚鼠的趾端，右手将注射针刺入静脉，拔针后立即出血。

3. 心脏采血

用手指触摸，选择心跳最明显的部位，把注射针刺入心脏，血液即流入针管。心脏采血时所用的针头应细长些，以免发生采血后穿刺孔出血。

（三）兔的采血方法

1. 耳缘静脉采血

将兔固定，拔去耳缘静脉局部的被毛，消毒，用手指轻弹兔耳，使静脉扩张，用针头刺耳缘静脉末端，或用刀片沿血管方向割破一小切口，血液即流出。本法为兔最常用的采血方法，可多次重复使用。

2. 耳中央动脉采血

在兔耳中央有一条较粗的、颜色较鲜红的中央动脉。用左手固定兔耳，右手持注射器，在中央动脉的末端，沿着与动脉平行的向心方向刺入动脉，即可见血液进入针管。由于兔耳中央动脉容易痉挛，故抽血前必须让兔耳充分充血，采血时动作要迅速。采血所用针头不要太细，一般用 6 号针头，针刺部位从中央动脉末端开始，不要在近耳根部采血。

3. 颈静脉采血

方法同小鼠、大鼠的颈静脉采血。

4. 心脏采血

使兔仰卧，穿刺部位在第 3 肋间胸骨左缘 3 mm 处，针头刺入心脏后，持针手可感觉到兔心脏有节律的跳动。此时如还抽不到血，可以前后进退调节针头的位置，注意切不可使针头在胸腔内左右摆动，以防弄伤兔的心、肺。

二、实验动物的处死及尸体的处理

(一)实验动物的处死

当实验中途停止或结束时，实验者应站在实验动物的立场上以人道的原则去处置动物，原则上不给实验动物任何恐惧和痛苦，即要施行安乐死。安乐死是指实验动物在没有痛苦感觉的情况下死去。实验动物安乐死方法的选择取决于动物的种类与研究的课题。

1. 蛙类

蛙类常用金属探针插入枕骨大孔，破坏脑脊髓的方法处死。将蛙用湿布包住，露出头部，左手执蛙，并用食指按压其头部前端，拇指按压背部，使头前俯；右手持探针由凹陷处垂直刺入，刺破皮肤即入枕骨大孔。这时将探针尖端转向头方，向前深入颅腔，然后向各方搅动，以捣毁脑组织。再把探针由枕骨大孔刺入并转向尾方，刺入椎管，以破坏脊髓。脑和脊髓是否完全破坏，可检查动物四肢肌肉的紧张性是否完全消失。拔出探针后，用一小干棉球将针孔堵住，以防止出血。操作过程中要防止毒腺分泌物射入实验者眼内。如被射入时，则需立即用生理盐水冲洗眼睛。

2. 大鼠和小鼠

(1)颈椎脱臼法　右手抓住鼠尾用力向后拉，同时左手拇指与食指用力向下按住鼠头。将脊髓与脑髓拉断，鼠便立即死亡。

(2)断头法　用剪刀在鼠颈部将鼠头剪掉，鼠立即死亡。

(3)击打法　右手抓住鼠尾，提起，用力摔击其头部，鼠痉挛后立即死去。或用木槌用力击打鼠头部也可致死。

(4)急性大出血法　可采用鼠眼眶动脉和静脉急性大量失血方法使鼠立即死亡。

(5)药物致死法　吸入一定量的一氧化碳、乙醚、氯仿等均可使动物致死。

3. 兔、豚鼠

(1)空气栓塞法　向动物静脉内注入一定量的空气，使之发生栓塞而死。当空气注入静脉后，可在右心随着心脏的跳动使空气与血液成泡沫状，随血液循环到全身。如进到肺动脉，可阻塞其分支，进入心脏冠状动脉，造成冠状动脉阻塞，发生严重的血液循环障碍，动物很快致死。一般兔静脉内注入 20～40 mL 空气即可致死。

(2)急性失血法 先使动物轻度麻醉，暴露股三角区，用锋利的刀在股三角区做横切口，把股动、静脉全切断，立即喷出血液。用一块湿纱布不断擦去股动脉切口周围处的血液和血凝块，同时不断地用自来水冲洗流血，使股动脉切口保持畅通，动物在 3～5 min 内即可致死。采用此种方法，动物十分安静，对脏器无损伤，对活杀采集病理切片标本是一种较好的方法。

（二）实验动物尸体的处理

实验动物尸体处理不当可能造成严重的环境污染，甚至造成疾病传播，会威胁社会公共卫生安全。随着环境保护法的颁布与实施，在教学实践中实验动物尸体的无害化处理既是公众关注的热点问题，也是实验动物操作中一项重要的内容，对于防控动物疫病、保护环境具有重要意义。实验者在实验过程中首先应树立“保护环境，人人有责”的环保意识。其次在实验结束后对实验动物尸体的无害化处理应严格按照上级主管部门及各单位相关规定与流程，将实验动物尸体及其废弃物装入规定的塑料袋里，暂时贮存于保存动物尸体的专用冰柜(由专门处理实验动物尸体的公司回收处理)，不得随意丢弃，更不能自行处理后出售等。

第七节 实验动物被毛的去除方法

动物实验前应去除实验操作局部的被毛，以免影响实验操作和观察。常用的被毛去除方法有拔毛法、剪毛法、剃毛法和脱毛法 4 种。

一、拔毛法

实验动物被固定后，用食指和拇指将暴露部位的毛拔去。进行采血或动、静脉穿刺时，常用此方法暴露血管穿刺的部位。拔毛不但暴露了血管，而且刺激了局部组织产生扩张血管的作用。如做兔耳缘静脉和鼠静脉采血，就要拔去上述静脉表面的被毛。

二、剪毛法

实验动物被固定后，用水湿润局部被毛，绷紧局部皮肤，用剪刀紧贴皮肤表面剪去被毛。这是家兔和犬颈部手术，家兔胸、腹部手术，局部皮肤需要去除被毛时常采用的方法。注意剪毛过程中切不可提起被毛，以免剪伤皮肤。同时为了避免被毛到处飞扬，应预先准备一个盛有自来水的杯子装载剪下来的被毛。

三、剃毛法

实验动物固定后，用刷子蘸温肥皂水将需要暴露部位的被毛湿透，用剪刀剪去被毛，然后用剃毛刀逆被毛生长方向剃去残留被毛。剃毛时必须绷紧局部皮肤，尽量不要剃破皮肤。剃毛法常用于大动物手术区域皮肤的术前准备。剃毛刀除专用刀具外，可用止血钳夹持半片新剃须刀片代替，但要小心不要割破皮肤或血管。

四、脱毛法

脱毛法是采用化学脱毛剂进行脱毛的方法。此法常用于大动物无菌手术，局部皮肤刺激性实验，观察实验动物局部血液循环等实验。

1. 常用脱毛剂配方

配方 1　硫化钠 8 g 溶于 100 mL 水中。

配方 2　硫化钠、肥皂粉、淀粉的比例为 3∶1∶7，再加水调至糊状。

配方 3　硫化钠 10 g 和生石灰 15 g 溶于 100 mL 水中。

2. 脱毛方法

使用脱毛剂前应剪去局部被毛，但剪毛前不能用水湿润被毛，以免脱毛剂流入毛根造成损伤。脱毛时用镊子夹棉球或纱布团蘸脱毛剂涂抹一层在已剪去被毛的部位，3～5 min 后，用温水洗去脱下的毛和脱毛剂。再用干纱布将水擦干，涂上一层油脂。注意操作时动作应轻巧，以免脱毛剂沾在实验人员的皮肤、黏膜上，造成不必要的损伤。

配方 1 和配方 2 适用于家兔和啮齿类动物的脱毛，配方 3 用于犬的脱毛。

第三章　兽医药理学实验的常用仪器介绍

第一节　分光光度计

分光光度计是根据物质对光的选择性吸收来测量微量物质浓度的仪器。分光光度法则是通过测定被测物质在特定波长处或一定波长范围内光的吸收度，对该物质进行定性和定量分析。

常用的波长范围为：200～400 nm 的紫外光区；400～760 nm 的可见光区；2.5～25 μm 的红外光区。所用仪器为紫外分光光度计、可见光分光光度计（或比色计）、红外分光光度计或原子吸收分光光度计。

一、工作原理

分光光度法测量的基本原理是：溶液中的物质在光的照射和激发下，会产生对光吸收的效应。但物质对光的吸收是有选择性的，不同的物质都有其各自的吸收光谱。分光光度计采用一个可以产生多个波长的光源，通过系列分光装置产生特定波长的光源，光源透过测试的样品溶液后，部分光源被吸收，其吸光度与该物质浓度的关系符合朗伯-比尔定律，用公式表示为：

$$T=I/I_0$$

式中，T 为透光率；I_0 为入射光强度；I 为透射光强度。

$$A=-\lg T=Kbc$$

式中，A 为吸光度；K 为吸收系数；b 为层液厚度；c 为溶液中物质的浓度。由上可知，当入射波长、吸收系数和液层厚度不变时，吸光度与溶液中物质的浓度成正比。

物质对光的选择性吸收波长以及相应的吸收系数是该物质的物理常数。当已知某纯物质在一定条件下的吸收系数后可用同样条件将该供试品配成溶液，测定其吸光度，即可由上式计算出供试品中该物质的含量。在可见光区除某些物质对光有吸收外，很多物质本身并没有吸收，但可在一定条件下加入显色试剂或经过处理使其显色后再测定，故又称比色分析。由于显色时影响呈色深浅的因素较多，故测定时应用标准品或对照品同时操作。

分光光度计可用于常规的吸光度测定、吸收光谱的扫描、蛋白质含量的测定和核酸的测定等。

二、常见的几种分光光度计介绍

目前实验室常用分光光度计有721型、722型和751型。

(一)721型分光光度计

1.使用方法

①检查电表的指针，必须位于“0”刻线上，否则需要用电表上的校正螺丝进行校正。

②接通电源，旋转波长选择钮旋(“λ”旋钮)，选择所需单色波长，预热10～20 min。

③打开比色皿暗箱盖，将装有溶液(参比溶液、被测溶液)的比色皿置于比色架中。

④选择适当的灵敏度，使参比溶液(一般为蒸馏水)比色皿置于光路位置，调节“0”透光率旋钮，使电表指针在“0”。然后将比色皿暗箱盖合上，调节“100%”透光率旋钮，使电表指针到100%。重复调节“0”和“100%”几次，待稳定后即可进行被测溶液吸光度的测定。

⑤拉动比色皿架拉杆，使被测溶液处于光路位置，记录电表读数盘中被测溶液的吸光度值。

⑥放大器灵敏度有5挡，其灵敏度逐挡增加，“1”为最低。尽可能采用灵敏度较低档，保证能使参比溶液透光率调到“100%”，这样仪器将有更高的稳定性。当灵敏度不够时再逐渐升高。但改变灵敏度后必须按上述步骤重新校正“0”和“100%”。如果大幅度改变测试波长时，在调整“0”和“100%”后稍等片刻(因钨灯在急剧改变亮度后，需要一段热平衡时间)，当指针稳定后重新调整“0”和“100%”即可工作。

⑦测定完毕，切断电源，取出比色皿用蒸馏水冲洗，并用擦镜纸吸干。

2.注意事项

①各比色皿的规格应尽可能相同，以免产生测定误差。玻璃比色皿只可用于可见光区，紫外区测定时要用石英比色皿。不能用手拿比色皿的光学面，用后需用蒸馏水或稀盐酸等溶液洗涤，表面只能用柔软的绒布或拭镜纸擦拭。

②仪器应放在干燥的房间内，使用时放置在坚固平稳的工作台上，室内照明不

宜太强。热天时不能用电扇直接向仪器吹风,防止灯泡灯丝发亮不稳定。

③使用仪器前,应了解仪器的结构、工作原理,以及各个操纵旋钮的功能。在接通电源之前,应该对仪器的安全性能进行检查,电源接线应牢固,通电也要良好,各个调节旋钮的起始位置应该正确,然后再按通电源开关。

④仪器停止使用时,在比色皿暗箱内放入两包硅胶。用塑料套子套住整个仪器,在套子内应放数袋防潮硅胶。再次使用前先检查放大器及单色器的 2 个硅胶干燥筒,如受潮变色应更换。

⑤仪器工作较长时间或搬动后,要检查波长精确性,以确保仪器测定的精确性。

(二)722 型光栅分光光度计

1. 使用方法

(1)固定灵敏度挡　将灵敏度调节旋钮调至“1”,此时放大倍率最小。灵敏度不够时再逐渐升高。但换挡改变灵敏度后,须重新校正“0”和“100%”。选好的灵敏度,实验过程中不要再变动。

(2)预热仪器　将选择开关置于“T”,打开电源开关,使仪器预热 20 min。为了防止光电管疲劳,不要连续光照,预热仪器时应将试样室盖(光门自动关闭)打开,使光路切断。

(3)调节 T=0　轻轻旋动“0”旋钮,使数字显示为“00.0”(此时试样室是打开的)。

(4)选定波长　将装有溶液的比色皿放置于比色架中。旋动波长旋钮,把测试所需的波长调节至所需波长刻度线处。

(5)调节 T=100%　将盛蒸馏水(或空白溶液,或纯溶剂)的比色皿放入比色皿座架中的第一格内,并对准光路,把试样室盖子轻轻盖上,调节透过率“100%”旋钮,使数字显示正好为“100.0”。

(6)透光率(T)值　拉动试样架拉手,使被测溶液比色皿置于光路位置中,数字表读数即被测溶液的透光率(T)值。

(7)吸光度 A 的测量　将选择开关置于“A”(即吸光度),盖上试样室盖子,将空白液置于光路中,调节吸光度调节旋钮,使数字显示为“.00”。将盛有待测溶液的比色皿放入比色皿座架中的其他格内,盖上试样室盖,轻轻拉动试样架拉手,使待测溶液进入光路,此时数字显示值即为该待测溶液的吸光度值。读数后,打开试样室盖,切断光路。重复上述测定操作 1~2 次,读取相应的吸光度值,取平均值。

(8)浓度 c 的测量　选择开关旋至“c”,将已标定浓度的溶液移入光路位置,调节浓度旋钮，使得数字显示为标定值。将被测溶液移入光路，即可由数字显示器读出相应的浓度值。

(9)关机　实验完毕，切断电源，将比色皿取出洗净，并将比色皿座架用软纸擦净。

2. 注意事项

①为了防止光电管疲劳，不测定时必须将试样室盖打开，使光路切断，以延长光电管的使用寿命。

②取拿比色皿时，手指只能捏住比色皿的毛玻璃面，而不能碰比色皿的光学表面。

③比色皿不能用碱溶液或氧化性强的洗涤液洗涤，也不能用毛刷清洗。比色皿外壁附着的水或溶液应用擦镜纸或细而软的吸水纸吸干，不要擦拭，以免损伤其的光学表面。

(三)751 型分光光度计

1. 使用方法

①先对仪器的安全性进行检查，电源线接线应牢固，接地线通地要良好，各个调节旋钮的起始位置应该正确，然后再接通电源。

②将灵敏度旋钮调至“1”挡(放大倍率最小)。调波长调节器至所需波长。

③开启电源开关，指示灯亮，选择开关置于“T”，调节透光率旋钮使数字显示“100.0”，预热 20 min。

④打开吸收池暗室盖(光门自动关闭)，调节[0 T]旋钮，使数字显示为“00.0”，盖上吸收池盖，将参比溶液置于光路，使光电管受光，调节透光率[100% T] 旋钮，使数学显示为“100.0”。如果显示不到“100”，则可适当增加电流放大器灵敏度挡数，但应尽可能使用低挡数，这样仪器将有更高的稳定性。当改变灵敏度后必须重新校正“0”和“100%”。

⑤吸光度 A 的测量：将选择开关置于“A”，盖上试样室盖子，将空白液置于光路中，调节吸光度调节旋钮，使数字显示为“.00”。将盛有待测溶液的比色皿放入比色皿座架中的其他格内，盖上试样室盖，轻轻拉动试样架拉手，使待测溶液进入光路，此时数字显示值即为该待测溶液的吸光度值 A。

⑥浓度 c 的测定：选择开关旋至“c”，将标准溶液推入光路，调节浓度旋钮，使得数字显示值为已知标准溶液浓度数值，将被测溶液推入光路，即可读出待测样品的浓度值 c。

⑦测量完毕，关闭电源，将各调节旋钮恢复至初始位置。取出吸收池洗净，晾干，存于专用盒内。

2. 注意事项

①使用前，应了解仪器的结构和原理，以及各个旋钮的功能。

②仪器接地要良好，否则显示数字不稳定。

③如果大幅度改变测试波长时，在调整“0”和“100%”后稍等片刻（因光能量变化急剧，光电管受光后响应缓慢，需一段光响应平衡时间），当稳定后，重新调整“0”和“100%”即可工作。

④仪器左侧下角有一只干燥剂筒，应保持其干燥，发现干燥剂变色应立即更新或烘干后再用。

第二节　高效液相色谱仪

一、高效液相色谱分离原理及分类

液相色谱分离系统由两相，即固定相和流动相组成。液相色谱的固定相可以是吸附剂、化学键合固定相（或在惰性载体表面涂上一层液膜）、离子交换树脂或多孔性凝胶；流动相是各种溶剂。储液器中的流动相被高压泵打入系统，样品溶液经进样器进入流动相，被流动相载入色谱柱（固定相）内，由于样品溶液中的各组分在两相中具有不同的分配系数，在两相中做相对运动时，经过反复多次的吸附—解吸的分配过程，各组分在移动速度上产生较大的差别，被分离成单个组分依次从柱内流出，通过检测器时，样品浓度被转换成电信号传送到记录仪，数据以图谱形式打印出来。

色谱分离的实质是样品分子（以下称溶质）与溶剂（即流动相或洗脱液）以及固定相分子间的作用，作用力的大小决定色谱过程的保留行为。根据分离机制不同，液相色谱可分为液固吸附色谱（LSAC）、液液分配色谱（LLPC）、化学键合色谱、离子交换色谱（IEC）以及分子排阻色谱（空间排阻色谱法，SEC）等类型。

二、高效液相色谱仪的组成

高效液相色谱仪由高压输液系统、进样系统、分离系统和检测系统 4 大部分组成。

(一)高压输液系统

高压输液系统由溶剂贮存器、高压输液泵、梯度洗脱装置和压力表等组成。

(1)溶剂贮存器　一般由玻璃、不锈钢或氟塑料制成,容量为 1～2 L,用来贮存流动相。

(2)高压输液泵　是高效液相色谱仪中关键部件之一,其作用是将流动相以稳定的流速或压力输送到色谱系统,使样品在色谱柱中完成分离过程。

输液泵的稳定性直接关系到分析结果的重复性和准确性,对其要求是:输出压力高、流量范围大、流量恒定、无脉动,流量精度和重复性为 0.5%左右。此外,还应耐腐蚀,密封性好。

(3)梯度洗脱装置　梯度洗脱就是在分离过程中使两种或两种以上不同极性的溶剂按一定程序连续改变它们之间的比例,从而改变流动相的强度、极性、pH 或离子强度,达到提高分离效果,缩短分析时间的目的。

梯度洗脱装置分为以下两类。

第一类是外梯度装置(又称低压梯度),流动相在常温常压下混合,用高压泵压至柱系统,仅需一台泵即可。

第二类是内梯度装置(又称高压梯度),将两种溶剂分别用泵增压后,注入梯度混合室混合,再输至柱系统。

梯度洗脱的实质是通过不断地变化流动相的强度来调整混合样品中各组分的 k 值,使所有谱带都以最佳平均 k 值通过色谱柱。它在液相色谱中所起的作用相当于气相色谱中的程序升温,所不同的是,在梯度洗脱中溶质 k 值的变化是通过溶质的极性、pH 和离子强度来实现的,而不是借改变温度(温度程序)来达到。

(二)进样系统

进样系统包括进样口、注射器和进样阀等,它的作用是把分析试样有效地送入色谱柱进行分离。

(三)分离系统

分离系统包括色谱柱、恒温器和连接管等部件。色谱柱一般用内部抛光的不锈钢制成。其内径为 2～6 mm,柱长为 10～50 cm,柱形多为直形,内部充满微粒固定相。柱温一般为室温或接近室温。

(四)检测系统

检测器是液相色谱仪的关键部件之一,用来连续监测经色谱柱分离后流出物的组成和含量变化。对检测器的要求是:灵敏度高,重复性好、线性范围宽、死体积小以及对温度和流量的变化不敏感等。

在液相色谱中有两种类型的检测器:一类是溶质性检测器,如紫外检测器、荧光检测器、电化学检测器等,仅对被分离组分的物理或物理化学特性有响应。另一类是总体检测器,如示差折光检测器等,对试样和洗脱液总的物理和化学性质响应。

在分析前,选择适当的色谱柱和流动相,开泵,冲洗色谱柱,待柱子达到平衡而且基线稳定后,用微量注射器把样品注入进样口,流动相把试样带入色谱柱进行分离,分离后的组分依次流入检测器的流通池,最后和洗脱液一起排入流出物收集器。当有样品组分流过流通池时,检测器把组分浓度转变成电信号,经过放大,用记录器记录下来就得到色谱图。色谱图是定性、定量和评价柱效高低的依据。

三、高效液相色谱的固定相和流动相

(一)固定相

基质 HPLC 填料可以是陶瓷性质的无机物基质,也可以是有机聚合物基质。无机物基质主要是硅胶和氧化铝。无机物基质刚性大,在溶剂中不容易膨胀。有机聚合物基质主要有交联聚苯乙烯-二乙烯基苯、聚甲基丙烯酸酯。有机聚合物基质刚性小、易压缩,溶剂或溶质容易渗入有机基质中,导致填料颗粒膨胀,最终使柱效降低。

1.基质

(1)基质的种类

①硅胶。硅胶是 HPLC 填料中最普遍的基质,适用于广泛的极性和非极性溶剂。除具有高强度外,还提供一个表面,可通过硅烷化技术键合上各种配基,制成反相、离子交换、疏水作用、亲水作用或分子排阻色谱用填料。缺点是在碱性水溶性流动相中不稳定。硅胶基质的填料推荐的常规分析 pH 范围通常为 2~8。

②氧化铝。刚性大,具有与硅胶相同的良好物理性质,也能耐较大的 pH 范围。与硅胶不同,氧化铝键合相在水性流动相中不稳定。

③聚合物。以高交联度的聚苯乙烯-二乙烯基苯或聚甲基丙烯酸酯为基质的填料,是用于普通压力下的 HPLC,它们的压力限度比无机填料低。聚苯乙烯-二

乙烯基苯基质疏水性强。使用任何流动相，在整个 pH 范围内稳定，可以用 NaOH 或强碱来清洗色谱柱。甲基丙烯酸酯基质不如聚苯乙烯-二乙烯基苯那样耐酸碱，但也可以承受在 pH 等于 13 下反复冲洗。

所有聚合物基质在流动相发生变化时都会出现膨胀或收缩。溶剂或小分子容易渗入聚合物基质中，因为小分子在聚合物基质中的传质比在陶瓷性基质中慢，所以造成小分子在这种基质中柱效低。对于大分子像蛋白质或合成的高聚物，聚合物基质的效能类似于陶瓷性基质。因此，聚合物基质广泛用于分离大分子物质。

(2)基质的选择　硅胶基质的填料被用于大部分的 HPLC 分析，尤其是小分子量的被分析物，聚合物填料用于大分子量的被分析物质，主要用来制成分子排阻和离子交换柱。

2.化学键合固定相

将有机官能团通过化学反应共价键合到硅胶表面的游离羟基上而形成的固定相称为化学键合相。这类固定相的突出特点是耐溶剂冲洗，并且可以通过改变键合相有机官能团的类型来改变分离的选择性。

目前，化学键合相广泛采用微粒多孔硅胶为基体，用烷烃二甲基氯硅烷或烷氧基硅烷与硅胶表面的游离硅醇基反应，形成 Si—O—Si—C 键形的单分子膜而制得。pH 对以硅胶为基质的键合相的稳定性有很大的影响，一般来说，硅胶键合相应在 pH 为 2～8 的介质中使用。

(1)键合相的种类　化学键合相按键合官能团的极性分为极性和非极性键合相两种。

常用的极性键合相常用作正相色谱，主要有氰基(—CN)、氨基(—NH_2)和二醇基(DIOL)键合相。

常用的非极性键合相主要有各种烷基(C1～C18)和苯基、苯甲基等，以 C18 应用最广。

(2)固定相的选择　分离中等极性和极性较强的化合物可选择极性键合相。氰基键合相对双键异构体或含双键数不等的环状化合物的分离有较好的选择性。氨基键合相具有较强的氢键结合能力，对某些多官能团化合物如甾体、强心苷等有较好的分离能力；氨基键合相上的氨基能与糖类分子中的羟基产生选择性相互作用，故被广泛用于糖类的分析。

分离非极性和极性较弱的化合物可选择非极性键合相。利用特殊的反相色谱技术，例如反相离子抑制技术和反相离子对色谱法等，非极性键合相也可用于分离离子型或可离子化的化合物。ODS(octadecyl silane)是应用最为广泛的非极性键合相，它对各种类型的化合物都有很强的适应能力。短链烷基键合相能用于极性化合物的分离，而苯基键合相适用于分离芳香化合物。

（二）流动相

1. 流动相溶剂的性质要求

由于高效液相色谱中流动相是液体，它对组分有亲和力，并参与固定相对组分的竞争，因此，正确选择流动相直接影响组分的分离度。对流动相溶剂的要求是：

①溶剂。对于待测样品，必须具有合适的极性和良好的选择性。

②溶剂与检测器匹配。对于紫外吸收检测器，应注意选用检测器波长比溶剂的紫外截止波长要长。所谓溶剂的紫外截止波长指当小于截止波长的辐射通过溶剂时，溶剂对此辐射产生强烈吸收，此时溶剂被看作是光学不透明的，它严重干扰组分的吸收测量。对于折光率检测器，要求选择与组分折光率有较大差别的溶剂作流动相，以达到最高灵敏度。

③高纯度。由于高效液相色谱灵敏度高，对流动相溶剂的纯度也要求高。不纯的溶剂会引起基线不稳，或产生“伪峰”。

④化学稳定性好。

⑤低黏度（黏度适中）。若使用高黏度溶剂，势必增高压力，不利于分离。常用的低黏度溶剂有丙酮、甲醇和乙腈等；但黏度过低的溶剂也不宜采用，例如戊烷和乙醚等，它们容易在色谱柱或检测器内形成气泡，影响分离。

2. 流动相的选择

在化学键合色谱法中，溶剂的洗脱能力直接与它的极性相关。在正相色谱中，溶剂的强度随极性的增强而增加；在反相色谱中，溶剂的强度随极性的增强而减弱。

正相色谱的流动相通常采用烷烃加适量极性调整剂。反相色谱的流动相通常以水作基础溶剂，再加入一定量的能与水互溶的极性调整剂，如甲醇、乙腈、四氢呋喃等。极性调整剂的性质及其所占比例对溶质的保留值和分离选择性有显著影响。一般情况下，甲醇-水系统已能满足多数样品的分离要求，且流动相黏度小、价格低，是反相色谱最常用的流动相。但乙腈-水系统要优于甲醇-水系统，因为与甲醇相比，乙腈的溶剂强度较高且黏度较小，并可满足在紫外 185～205 nm 处检测的要求。

第三节　RM-6000型四导生理记录仪

一、仪器简介

RM-6000型四导生理系统(polygraph system)主要由显示器、插入式前置放大器、记录器和各种实验用的换能器组成,可装备8个插入式放大器,可同时扫描显示、描笔式记录四道记录指标和数字式实时显示血压、心率等指标,可联机使用而扩展功能和提高效率。选用换能器和放大器可适应多种实验指标的要求。用于记录多种压力、张力、流量和生物电指标如血压、心率、血流量、血管容积脉搏、心音、心电、脑电、肌电、肌收缩等。

RM-6000型四导生理记录仪各放大器为标准插口的插入式结构,可按实验需要将放大器插入其中8个插口位置,由调节部分的按钮指定放大和观察记录的插入位置,通过内插式导程选择板的连线可以进行放大器之间的信号传递,组合成功能更强大和便于应用的系统。经常用到的前置电放大器有记录生物电的心电、脑电、肌电放大器,有用于记录压力、张力信号的载波放大器,有呼吸放大器等。

RM-6000系列四导生理记录仪系统提供了用于不同实验的各种电极和换能器,如压力、张力换能器、呼吸换能器和血流量换能器等。

二、使用方法

(1)开机前检查　总电源开关、VC-监视示波器、放大器箱、笔写记录仪各电源开关与仪器接地。实验需要的换能器、放大器齐备,各相关放大器的盒内连接(由技术员专门负责)。描记装置:记录纸、墨水和描笔尖。

(2)实验前准备　开总电源开关,指示灯亮→自上而下开通各分电源开关→常规检查记录部分(走纸开关,零线等)。

(3)放大器的测量　各换能器与动物(或标本)按规定连接备用。按下各放大器测量按钮,信号经放大器处理输出,先从监视示波器上观察波形,如正常则启动描记装置记录结果。

(4)实验结束操作　实验结束,将各放大器的测量按钮关闭(或将灵敏度调至最低)。由各分开关到总开关依次关电源。

三、操作应用举例

(1)动脉血压　描记动脉血压—选用载波放大器AP-601G。平均动脉压可通过接线盒内的导线连接在另一放大器上显示。

(2)血压换能器的使用　血压的变化通过动物动脉插管内的液体传递到换能器的压力感应膜上，进而转化为电信号的变化，故实验前须用含抗凝剂的液体排空血压换能器及其动脉插管中的气体。

(3)排气方法　血压换能器上有一直一斜2个三通管接口，动脉插管固定在直的一侧。动脉插管端向上，两接口三通均开，从斜接口端三通口插入装有抗凝液体的注射器，将注射器内的生理盐水缓缓向血压换能器内注入，把管腔内的气体向动脉插管排出至液体流出，使血压换能器和全部管道无气泡。按住斜接口端三通口的另一出口，旋钮将三通管通向压力换能器的方向关闭(防止气体从此开口再进入)。

(4)血压放大器的使用　使用前放大器按钮置"OFF"。零点(平衡)调节血压放大器指示灯为红色，血压换能器的插管通大气，按下平衡按钮(BAL)，放大器的指示灯由红色变绿色，放大器已将换能器的压力默认为零血压。

定标和灵敏度选择等，定标按钮(CAL)按下后，内标电压输出使(显示器显示)笔写记录仪记录笔应记录20 mm幅度的放大。灵敏度按钮在100～2 mmHg范围可选，选定值记录纸上为1 cm。一般动物血压约120 mmHg，所以宜选200～50 mmHg(26.6～6.65 kPa)/DIV。波形开关：在DIRECT测量瞬时血压；在MEAN测量平均血压变化。

记录心率可选用心率计数器AT-601G。用动脉脉搏波或心电R波触发记录每分钟的心跳频率。

(5)心率计数器的使用　使用前心率计数器放大器的按钮置"OFF"。据被测动物的心跳频率，可设定上限(UP-PER)和下限(LOWER)警报数。按下上限警报钮或下限警报钮，调节UPPER或LOWER旋钮，即可分别设定上限或下限的心跳警报数。

选择合适的灵敏度，一般选100 BEAT/min。接连接盒的CAL钮，此时心率计数器可显示100，记录仪可偏转10 mm(灵敏度为100时)。

血流量：记录动脉血流量，选用电磁血流量计。如把电磁流量计的输出线接于资料记录连接板的第四导输入插口上，并按下其按钮，电磁血流量计的信号可输入到四导仪上显示并在笔写记录仪上记录出来。

第四节　计算机化生物信号采集与处理系统

计算机化生物信号采集与处理系统应用最新的电脑集成化和可升级、扩展功能的软件技术，实现了晶体管旧式线路仪器的放大器、示波器、记录仪、刺激器等性能低的仪器经一定组合才可实现的生物信号观测与记录，成为新一代生物信号采集、放大、显示、记录与分析的功能全面和方便使用的实验系统(图 3-1)。

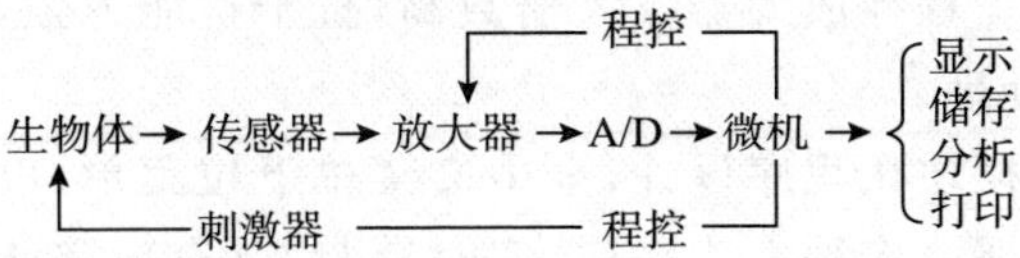

图 3-1　计算机化生物信号采集与处理系统示意图

(引自 王庭槐. 生理学实验教程，2004)

按操作系统可分为 Dos 和 Windows 两大类型。Dos 操作系统的计算机化生物信号采集与处理系统要求的硬件条件低，运行需求资源少和稳定。Windows 操作系统的计算机化生物信号采集与处理系统适应了当前计算机硬件、软件高速发展和网络化信息技术的需求，其功能得到进一步完善和扩展。例如，能与 Windows 下的各种不同类型软件共享，实现强大的图形分析和统计处理，能以各种形式网络化组合建成功能更强大的网络课室。

一、主要特点

计算机化生物信号采集与处理系统由于充分利用计算机高速数据处理的特性进行高速采样，利用屏幕显示实现示波观察，以及利用软件的功能实现选择性剪辑、统计处理数据的图形分析和统计输出，使输出打印的结果简明扼要。计算机化生物信号采集与处理系统具有以下独特的优点：

(1)应用广　可记录慢速的传感器信号和快速的生物电信号。同时具有台式自动平衡记录仪、多道记录仪、示波器和刺激器的功能。

(2)功能强　通用程控高增益(2～80 000 倍)；A/D 转换器、程控刺激器一体化。

(3)操作简易　系统软件为 Windows 操作系统或/和图形操作界面，与流行计算机软件一致，会用电脑即会使用。可实现 Windows 下多任务同时执行、软件之间数据共享，可方便地将实验结果分析、统计和实验图形嵌入到 Windows 系统支持的 Microsoft Word 等文档编辑软件中。

(4)支持网络　可应用最新网络信息技术，实现网络课室教学，实验数据在局域网互相传输，实现实验组之间的数据交流和打印机等资源共享。随时取得网络服务器的教学多媒体等资源，实现教学的自动化和个体化在线辅导。

二、模块特点

(1)程控放大器　程控放大器放大倍数高,抗干扰能力强,记录的数字化数据可以在实验结束后处理。

(2)软件系统　模块化程序设计,全中文菜单下拉菜单,以及键盘与鼠标兼容的操作方式,易于掌握。多种方式采样,实时存盘,具有数字滤波、自动分析、项目标记、波形编辑、打印输出和在线帮助等多项功能。

(3)记录的反演与模拟　实验记录内容可以反演功能反复观察,也可以进一步剪辑成实验课多媒体课件。一些实验项目有模拟实验内容(相当于实验的多媒体课件)。

(4)参数配置　在一项实验中,按实验要求将放大倍数、滤波、时间常数、采样周期和刺激参数选择好,如得到好的效果,即可把当时设置的参数存为软件的配置文件,供以后实验调用。在每次实验结束关机时,本系统将自动保存当时实验参数为默认配置。

(5)信息处理　软件系统附有微分、积分、均值、方差、计数、滤波等实验数据统计分析处理功能。操作项目可通过鼠标直接标记在记录曲线上,并可自由编辑、修改或删除其内容。

(6)操作提示　对实验步骤、手术操作及注意事项提供在线智能化提示,随操作过程以文字等形式在提示栏显示,可获得较好的实验记录结果。

(7)操作指南　技术人员要在仪器购置后完成放大器的增益、调零和定标功能调定,并用程序密码等将增益和定标功能锁闭,以防学生改动。学生在实验开始前需检查零基线等指标,但是在实验过程中不要随便改变仪器参数,以免影响测量结果。

(8)剪贴　实验结束后,对记录曲线重新剪辑,在编辑之前先将原始数据存盘备份。用鼠标拖动(按住左键)选择需要的部分,经重构后,重组记录曲线。剪辑可反复进行。如对重构结果不满意,可后退复原,重新剪辑直至满意为止。

(9)注意事项　国产仪器系统配套要求使用时的计算机外壳须接安全地线,以及只适用于动物实验。

(10)配置和保存配置　按照仪器软件系统提供的通道和指标等可以灵活配置各种适宜实验需要的“配置”,即实验的控制参数组合。将此符合实验需要的“配置”用文件菜单栏的“保存配置”功能保存成为模块,可供以后随时调用。

第四章　基础性实验

第一节　兽医药理学总论实验

实验一　药物的局部作用与吸收作用

【实验目的】

通过实验，观察药物对动物机体的局部作用和吸收作用。

【实验原理】

药物在用药部位所产生的作用叫作局部作用，如内服硫酸镁在肠道不易吸收，有导泻作用；局部麻醉药注射于神经末梢或神经干可阻断神经，冲动传导，产生局部麻醉作用。药物吸收进入血液循环后分布到机体各部位发挥的作用称之为吸收作用或全身作用。药物从胃肠道吸收后要经过门静脉进入肝脏，再进入血液循环；少数药物可舌下给药或直肠给药，分别通过口腔、直肠和结肠黏膜吸收；皮下或肌内注射药物先沿结缔组织扩散，再经毛细血管或淋巴管进入血液循环；静脉注射时药物直接进入血液，无吸收过程。

【实验材料】

①动物：家兔 1 只，体重(2.5±0.5)kg/只。

②器材：兔固定箱，托盘秤，镊子，注射器，针头，兔用麻醉口罩，棉球。

③药品：松节油，0.2%硝酸士的宁注射液，麻醉乙醚，5%水合氯醛注射液。

【实验方法】

①取家兔 1 只，置兔固定箱内，对光观察家兔耳部血管粗细及颜色等情况，然后对家兔一侧耳部涂擦松节油，待 2 min 后对比家兔两耳有何不同。

②将上述家兔称重，先观察正常活动，再用镊子轻击四肢和背部，观察有何反应。

A. 给家兔皮下注射 0.2%硝酸士的宁注射液(每千克体重 0.2 mL)，用药后每隔 2 min 用镊子轻击家兔四肢和背部，观察家兔有何反应。

B. 待家兔出现典型的士的宁中毒症状(表现为全身痉挛，角弓反张，呼吸暂停等)后，立即套上浸有麻醉乙醚棉球的兔用麻醉口罩，再观察家兔有何反应。

C. 当家兔的中毒状态消失后，除去兔用麻醉口罩，迅速静脉注射 5%水合氯醛注射液(每千克体重 2 mL)。

【实验结果】

实验结果记录于表 4-1 中。

表 4-1 给药后的观察记录

药物	给药方式	剂量/mL	出现的症状描述	作用方式
松节油				
硝酸士的宁				
硝酸士的宁＋麻醉乙醚				
水合氯醛				

【注意事项】

①用镊子轻击家兔四肢和背部时必须轻重适度,前后一致,不要用力过大以致损伤组织。

②本实验给出的硝酸士的宁注射液中毒剂量仅作参考。因不同品种的家兔对士的宁敏感性差异较大,在实验前应先预试,摸索出士的宁对家兔的适宜中毒量(中毒症状明显,用乙醚和水合氯醛能彻底解救)后,再正式实验。

【思考题】

根据实验结果说明哪种作用是局部作用?哪种作用是吸收作用?

实验二 不同剂量与剂型对药物作用的影响

【实验目的】

比较药物剂型、剂量对药物作用的影响,理解戊巴比妥钠的作用与药物暴露关系。

【实验原理】

戊巴比妥钠为巴比妥类中枢抑制药,通过选择性抑制脑干网状结构上行激活系统,使大脑皮层的兴奋性降低。常表现为典型的量效关系,即随着剂量由小逐渐增大,依次产生镇静、催眠、麻醉作用,过量则导致呼吸中枢麻痹甚至死亡。

以羧甲基纤维素钠溶液为溶媒制备的乌拉坦胶浆液,具有延缓乌拉坦扩散和吸收作用,与以水作溶媒制备的乌拉坦溶液比较,可观察到乌拉坦对小鼠中枢抑制的程度、作用出现快慢、持续时间长短等的差异。

【实验材料】

①动物:小鼠 15 只,体重 18～22 g/只,雌雄不限。

②器材:1 mL 注射器,5 号针头,天平,鼠笼或 1 000 mL 烧杯。

③药品:0.2%、0.4%及 0.8%戊巴比妥钠溶液,8%乌拉坦水溶液,8%乌拉坦

胶浆液(含2.5%羧甲基纤维素钠)。

【实验方法】

1.不同剂量对药物作用的影响

①小鼠9只,分为3组,称重标记,观察和记录正常活动情况,重点观察有无翻正反射。

②各组小鼠分别按每10克体重0.2 mL腹腔注射0.2%、0.4%、0.8%戊巴比妥钠溶液。

③观察各组小鼠的活动变化,翻正反射发生情况,在表4-2中记录翻正反射消失与恢复时间。

2.不同剂型对药物作用的影响

①小鼠6只,每组3只,称重编号,观察其正常活动情况。

②第1组小鼠腹腔注射8%乌拉坦水溶液,第2组小鼠腹腔注射8%乌拉坦胶浆液,剂量均按每10克体重0.15 mL。

③观察小鼠反应,在表4-3中记录小鼠出现步态蹒跚、俯伏不动或卧倒、翻正反射消失的时间。比较小鼠注射不同乌拉坦剂型后造成中枢抑制的深度及作用出现的快慢与持续时间长短。

【实验结果】

将不同剂量和不同剂型的实验结果分别记录于表4-2和表4-3中。

表4-2　不同剂量对药物作用的影响

鼠号	体重/g	给药剂量/mL	翻正反射消失时刻	翻正反射恢复时刻	作用维持时间/min
1					
2					
3					
⋮					

表4-3　不同剂型对药物作用的影响

鼠号	药物	体重/g	给药剂量/mL	出现药物反应时间(min)		
				步态蹒跚	俯伏不动或卧倒	翻正反射消失
1						
2						
3						
⋮						

【注意事项】

①入针深度合适，避免损伤内脏。

②注射药物宜缓慢，回抽观察是否有血，避免进入血管。

【思考题】

①根据实验结果说明剂量与剂型对药物作用的影响。

②选择不同剂量和剂型在临床上有何实际意义？

③目前在临床上使用的剂型有哪些？

实验三　肝损伤对药物作用的影响

【实验目的】

观察肝功能损伤对药物作用的影响。

【实验原理】

硫喷妥钠属于巴比妥类镇静药物，主要在肝脏中代谢。当肝功能受损时，肝脏对药物的代谢能力降低，血液中药物浓度升高，药物作用增强，严重时可导致中毒甚至死亡。四氯化碳对肝细胞具有严重毒害作用，可引起中毒性肝炎，降低肝脏对药物的代谢能力。

本实验需要建立肝损伤的动物疾病模型。动物疾病模型是指医学科学研究中构建的具有人类或动物疾病模拟表现的动物，是药物研究中的重要手段，也是实验生理学、实验病理学和实验治疗学的重要研究手段。借助于动物疾病模型的间接研究，可以规避某些在自然条件下不易排除的因素，以便更准确地观察模型的实验结果，有助于更方便更有效地认识疾病的发生发展规律，研究防治措施。

【实验材料】

①动物：小鼠，体重 18～22 g/只。

②器材：1 mL 注射器，玻璃钟罩，电子秤。

③药品：0.4%硫喷妥钠溶液，10%四氯化碳油剂。

【实验方法】

①取体重相近的健康小鼠 2 只，实验前 24 h 皮下注射 10%四氯化碳油剂（每 10 克体重 0.1 mL），构建肝功能损伤小鼠模型。

②取正常小鼠和肝功能损伤小鼠各 2 只，分别编号、称重，并观察小鼠活动情况及有无翻正反射。

③各小鼠分别腹腔注射 0.4%硫喷妥钠溶液（每 10 克体重 0.1 mL），观察翻正反射，记录反射消失和恢复的时间，并计算各小鼠麻醉作用维持的时间。

④实验结束时将小鼠颈椎脱臼处死，剖取肝脏，比较两组动物肝脏外观的不同。

【实验结果】

实验结果记录于表 4-4 中。

表 4-4　肝损伤对药物作用的影响

级别	鼠号	体重/g	给药剂量/mL	给药时刻	翻正反射消失时刻	翻正反射恢复时刻	作用维持时间/min
正常组							
肝损伤组							

【注意事项】

①若室温低于 20 ℃，须给麻醉小鼠适度保暖，否则将因动物体温下降，代谢减慢而不易苏醒。

②四氯化碳中毒小鼠其肝脏肿大，有的充血，有的呈灰黄色，触之有油腻感，其肝小叶比正常肝脏更清楚。

③注射药物回抽时注意观察是否有血，避免进入血管。

④注射宜慢。

【思考题】

①肝损伤小鼠与正常小鼠对药物反应有何区别？为什么？

②试讨论肝功能与临床用药的关系。

实验四　肾损伤对药物作用的影响

【实验目的】

观察肾功能损伤对药物作用的影响。

【实验原理】

肾脏是药物排泄的主要器官，当肾脏功能受损时，药物的排泄能力下降，容易引起药物蓄积中毒。氯化汞是一种被淘汰的、具有细胞毒作用的消毒药，一旦被机体吸收，可首先损伤肾小管上皮细胞，使肾脏排泄功能降低。链霉素是氨基糖苷类抗生素，主要经肾脏以原形排泄，具有肾毒性及神经肌肉麻痹毒性。

【实验材料】

①动物：小鼠，体重 18～22 g/只。

②器材：1 mL 注射器，玻璃钟罩，电子秤。

③药品：0.04%氯化汞溶液，5%硫酸链霉素溶液。

【实验方法】

①取体重相近的小鼠 2 只，实验前 24 h 腹腔注射 0.04%氯化汞溶液

(每 10 克体重 0.2 mL),构建肾功能损伤的小鼠模型。

②取正常小鼠和肾功能损伤小鼠各 2 只,编号、称重。

③观察小鼠活动情况,观察其肌张力和呼吸运动情况,并记录呼吸频率和口唇颜色。

④各小鼠分别腹腔注射 5%硫酸链霉素溶液(每 10 克体重 0.15 mL)。

⑤观察小鼠肌张力和呼吸频率的变化情况,并观察是否出现口唇发绀。

【实验结果】

实验结果记录于表 4-5 中。

表 4-5　肾损伤对药物作用的影响

组别	鼠号	体重/g	给药剂量/mL	给药时刻	产生作用时刻	肌张力	呼吸频率/(次/min)	口唇颜色
正常组								
肾损伤组								

【注意事项】

①链霉素中毒主要表现为肌张力降低、活动减弱、呼吸减慢变浅、口唇发绀,严重者可因呼吸麻痹而死亡。

②小鼠腹腔注射氯化汞后,其二价阳离子汞(Hg^{2+})进入体内,与带有巯基的氧化物具有较强的亲和力,并可使蛋白质凝固,造成重金属中毒而导致肾小管损伤。

③注射药物时注意回抽观察是否有血,避免进入血管。

④注射宜慢。

【思考题】

①肾损伤小鼠与正常小鼠对药物反应有何区别?为什么?

②试讨论肾功能与临床用药的关系。

实验五　磺胺嘧啶在麻醉大鼠体内经胆汁和尿排泄的实验

【实验目的】

了解磺胺嘧啶在麻醉大鼠体内经胆汁和尿排泄的情况,掌握大鼠静脉、胆道和尿道插管的实验技术。

【实验原理】

磺胺类药物主要以原形从尿液排泄,也有少量从胆汁排泄。通过收集给药后各时间段内麻醉大鼠的胆汁和尿液，采用显色反应法测定其药物浓度，计算药物在胆汁和尿液中的排泄量。

【实验材料】

①动物：雄性大鼠，体重 200～220 g/只。

②器材：721 分光光度计，离心机，磅秤，手术器械，动脉夹，聚乙烯插管，大鼠手术板，注射器(5 mL)及针头，移液器(0.01～1 mL)，吸头，试管，离心管，试管架，记号笔，药棉，纱布，计算机。

③药品：20%磺胺嘧啶溶液，7.5%三氯醋酸溶液，0.1%磺胺嘧啶标准液，0.5%亚硝酸钠溶液，0.5%麝香草酚溶液(用 20% NaOH 配制)，1 000 U/mL 肝素，生理盐水，3%戊巴比妥钠溶液，蒸馏水。

【实验方法】

1. 静脉插管

①腹腔注射 3%戊巴比妥钠溶液(每千克体重 30 mg)麻醉大鼠，仰位固定于大鼠手术板上。

②颈前正中切开皮肤 2～3 cm，钝性分离皮下组织和肌肉，分离出颈外静脉，在其下穿两根细线，结扎远心端，保留近心端。于两线中间的一段静脉上剪一"V"形切口，插入聚乙烯插管(已肝素化)，用线结扎牢固，以备取血和输液用。实验开始后，利用该静脉通道恒速输注生理盐水(1 mL/min)和受试药物。

2. 胆道插管

于上腹正中切开皮肤 3～4 cm，打开腹腔。在小肠下部分离出胆管，在其下穿两根细线，结扎远心端，保留近心端。于两线中间的一段胆管上剪一"V"形切口，插入聚乙烯插管，用线结扎牢固，并使插管留置于腹腔之外，以备收集胆汁用。

3. 膀胱插管

于下腹正中切开皮肤约 3 cm，打开腹腔，用丝线结扎尿道外口。在膀胱上部切开膀胱，将膀胱插管放入其内，并将插管口置于尿道上口附近。用丝线将插管固定于膀胱组织，缝合腹部切口，并使插管留置于腹腔之外，以备收集尿液用。

4. 样品收集

①收集给药前的空白胆汁和尿液，并用蒸馏水稀释至 1 mL，用移液器分别取 0.2 mL 放入各自含有 7.5%三氯醋酸溶液 2.7 mL 的 1 号管(对照管)和 2 号管(标准管)中摇匀静置，而后静脉注射 20%磺胺嘧啶溶液(每千克体重 3 mL)。

②用 2 mL 玻璃试管分别收集给药后 0～30 min、31～60 min、61～90 min、91～120 min、121～150 min、151～180 min、181～240 min、241～360 min 时段的

胆汁和尿液，用蒸馏水稀释至 1 mL，4 ℃储存待测。

5. 药物浓度的测定

取样品 0.2 mL 加到含有 7.5%三氯醋酸溶液 2.7 mL 的试管中摇匀。标准管加入 0.1%磺胺嘧啶标准液 0.1 mL，其余各管加蒸馏水 0.1 mL 摇匀。各管离心(1 500 r/min)10 min，分别取上清液 1.5 mL 放入另一试管中，加入 0.5%亚硝酸钠溶液各 0.5 mL，充分摇匀后再加入 0.5%麝香草酚溶液 1 mL，摇匀后为橙黄色。

6. 胆汁和尿液排泄量的计算

用上述方法测定各样品中的药物浓度，根据胆汁和尿液样品药物浓度，求出每时段药物经胆汁和尿液排泄的量。将各时段的胆汁和尿液排泄量相加，并计算占总给药量的百分比，即为 6 h 内药物在胆汁和尿液中的排泄率。

【实验结果】

实验结果记录于表 4-6 中。

表 4-6　磺胺嘧啶在麻醉大鼠体内不同时间段经胆汁和尿液排泄情况

时间/min	胆汁		尿液	
	药物浓度/(ng/mL)	药物排泄量/ng	药物浓度/(ng/mL)	药物排泄量/ng
0～30				
31～60				
61～90				
91～120				
121～150				
151～180				
181～240				
241～360				
排泄量总计/mg				
排泄率(总排泄量/总给药量)/%				

【注意事项】

①保证每次样品收集没有遗漏。

②实验期间，需持续恒速静脉输注生理盐水，以保证有足够的胆汁和尿液。

【思考题】

①结合实验结果，说明磺胺嘧啶在麻醉大鼠体内经胆汁和尿液排泄的特点。

②为防止磺胺嘧啶损害肾脏，应采取什么措施？

实验六　药物的解热作用

【实验目的】

观察解热镇痛药的解热作用，并与糖皮质激素的解热作用相比较。

【实验原理】

注射伤寒副伤寒菌苗导致内热原的产生，内热原引起前列腺素的合成与释放，前列腺素作用于下丘脑体温调节中枢，引起机体发热。解热镇痛药通过抑制前列腺素的合成而解热，糖皮质激素可直接抑制体温调节中枢，降低机体对致热原的敏感性，又能稳定溶酶体膜减少内热原的释放而解热。

【实验材料】

①动物：家兔 3 只，体重(2.5±0.5)kg/只，雌雄不限。

②器材：台秤，肛表，注射器(2 mL、5 mL)，酒精棉球。

③药品：注射用生理盐水，5%氨基比林注射液，地塞米松磷酸钠注射液，伤寒副伤寒菌苗，液状石蜡。

【实验方法】

①取正常成年兔 3 只，称重，编号为甲、乙、丙。

②分别检查正常体温数次，体温波动较大者不宜用于本实验。兔体温在 38.5～39.5 ℃者最为合适。

③各兔分别耳静脉注射伤寒副伤寒菌苗(每千克体重 0.5 mL)。

④待体温比原来升高 1 ℃以上时(需 0.5～1 h)，分别给药：甲兔腹腔注射生理盐水(每千克体重 2 mL)做对照，乙兔腹腔注射地塞米松磷酸钠注射液(每千克体重 2.5 mg)，丙兔腹腔注射氨基比林溶液(每千克体重 100 mg)。

⑤给药后每 0.5 h 测量体温 1 次，连续测量数次，比较 3 只兔给药前后体温的变化。

【实验结果】

将实验结果填入表 4-7 中，汇总全班实验结果，进行组间 t 检验，并以体温为纵坐标，以时间为横坐标作折线图，分析药物的时效关系。

表 4-7 药物的解热作用

兔号	体重/kg	疫苗注射量/mL	药物及剂量/mL	体温/℃			
				0.5 h	1.0 h	1.5 h	2.0 h

【注意事项】

①保持实验室内安静。测温及给药时，勿使家兔挣扎以免影响体温。

②同一只兔应使用同一只肛表，测体温前将水银柱用力甩至 35 ℃以下，测量条件要一致。

③选用体重在 1.5 kg 以上健康家兔，体温在 38.5～39.5 ℃为宜。

【思考题】

①解热镇痛药和糖皮质激素降温作用有什么不同？

②临床上应用解热镇痛药和糖皮质激素应注意什么问题？

③如何评价发热？是否动物机体一旦出现发热就要使用解热镇痛类药物？

实验七 药酶对药物作用的影响

一、药酶诱导剂对药物作用的影响

【实验目的】

了解肝药酶诱导剂苯巴比妥钠对药物作用的影响。

【实验原理】

肝脏是药物代谢的主要器官，而药物的代谢主要靠酶的催化。在肝细胞内质网上有一些专门催化药物等外源性化学物质代谢的微粒体酶，简称药酶(药酶实际上还包括非微粒体酶)。苯巴比妥为肝药酶诱导剂，可诱导肝药酶活性，使戊巴比妥钠在肝微粒体的氧化代谢加速，药物浓度降低，表现为戊巴比妥钠药理作用减弱，即催眠潜伏期延长，睡眠持续时间缩短，连续使用可使肝药酶数量增加或活性增强，从而使戊巴比妥钠的代谢速度加快而作用减慢。

【实验材料】

①动物：小鼠 8 只，体重 18～22 g/只。

②器材：鼠笼，1 mL 注射器，电子秤和秒表。

③药品：注射用生理盐水，0.75％苯巴比妥钠溶液和 0.5％戊巴比妥钠溶液。

【实验方法】

①取小鼠4只，随机分为甲、乙两组。甲组小鼠腹腔注射0.75%苯巴比妥钠溶液(每10克体重0.1 mL)，乙组小鼠腹腔注射生理盐水(每10克体重0.1 mL)，每天1次，共2 d。

②第3天，给各小鼠腹腔注射0.5%戊巴比妥钠溶液(每10克体重0.1 mL)，观察给药后小鼠的反应。记录给药时间、翻正反射消失和恢复的时间，计算戊巴比妥钠催眠潜伏期及睡眠持续时间。

【实验结果】

①计算各组小鼠催眠潜伏期及睡眠时间的平均值和标准偏差，并进行组间对照，t检验。

②根据实验结果说明苯巴比妥钠对肝药酶的诱导作用。

③在表4-8中分别记录每组动物翻正反射消失和恢复的时间，看其是否符合正态分布规律。

表4-8　各组小鼠催眠潜伏期

组别	鼠号	戊巴比妥钠/mL	催眠潜伏期/min	睡眠持续时间/min
甲组	1			
	2			
乙组	1			
	2			

【注意事项】

①催眠潜伏期为开始给药到动物翻正反射消失的间隔时间，睡眠持续时间为翻正反射消失至恢复的间隔时间。

②本实验过程中，室温不宜低于20 ℃，否则戊巴比妥钠代谢减慢，动物不易苏醒。

【思考题】

①何谓肝药酶诱导剂？

②试从理论上解释苯巴比妥钠对戊巴比妥钠催眠时间的影响。

二、药酶抑制剂对药物作用的影响

【实验目的】

以戊巴比妥钠催眠时间作为肝药酶体内活性指标，观察氯霉素对戊巴比妥钠催眠作用的影响，从而了解它们对肝药酶的抑制作用。

【实验原理】

氯霉素为肝药酶抑制剂，能抑制肝药酶活性，导致戊巴比妥钠药理作用增强，即催眠潜伏期缩短，睡眠持续时间延长。

【实验材料】

①动物：小鼠 8 只，体重 18～22 g/只。

②器材：鼠笼，1 mL 注射器，电子秤和秒表。

③药品：注射用生理盐水，0.5%氯霉素溶液和 0.3%戊巴比妥钠溶液。

【实验方法】

①取小鼠 4 只，随机分为甲、乙两组。甲组小鼠腹腔注射 0.5%氯霉素溶液（每 10 克体重 0.1 mL），乙组小鼠腹腔注射生理盐水（每 10 克体重 0.1 mL）。

②30 min 后，各小鼠腹腔注射 0.3%戊巴比妥钠溶液（每 10 克体重 0.1 mL），观察给药后小鼠的反应。记录给药时间、翻正反射消失和恢复的时间，计算戊巴比妥钠催眠潜伏期及睡眠持续时间。

【实验结果】

①计算各组小鼠催眠潜伏期及睡眠时间的平均值和标准偏差，进行组间对照，并进行 t 检验。

②根据实验结果说明氯霉素对肝药酶的抑制作用。

③分别记录每组动物翻正反射时间，看其是否符合正态分布规律。

④实验结果记录于表 4-9 中。

表 4-9 各组小鼠催眠潜伏期

组别	鼠号	戊巴比妥钠/mL	催眠潜伏期/min	睡眠持续时间/min
甲组	1			
	2			
乙组	1			
	2			

【注意事项】

①催眠潜伏期为开始给药到动物翻正反射消失的间隔时间，睡眠持续时间为翻正反射消失至恢复的间隔时间。

②氯霉素溶液有结晶析出时可在水浴中加热溶解。吸取氯霉素溶液的注射器应预先干燥，否则易结晶堵塞针头。

【思考题】

①什么是肝药酶抑制剂？

②试从理论上解释氯霉素对戊巴比妥钠催眠时间的影响。

实验八　苯巴比妥对大鼠肝脏微粒体细胞色素 P-450 含量的影响

【实验目的】

通过实验，掌握大鼠肝脏微粒体细胞色素 P-450 的含量测定法，了解苯巴比妥对 P-450 的诱导作用。

【实验原理】

在碱性环境下蛋白质分子中的肽链结构能与 Cu^{2+} 络合生成络合物，同时还将 Cu^{2+} 还原成 Cu^{+}。关于肝匀浆中微粒体部分的分离，本实验中用的是钙离子沉淀法，此法可在无超速离心机的条件下进行。酶标仪的光源灯发出的光波经过滤光片或单色器变成一束单色光，进入塑料微孔极中的待测标本，该单色光一部分被标本吸收，另一部分则透过标本照射到光电检测器上。光电检测器将透射过待测标本后强弱不同的光信号转换成相应的电信号，电信号经前置放大、对数放大、模数转换等处理后，送入微处理器进行数据处理，转换成相应的浓度，最后由显示器和打印机输出结果。

【实验材料】

①动物：大鼠（或小鼠）4 只，性别相同，体重接近。

②器材：玻璃匀浆器，电子天平，酶标仪，冰浴烧杯，试管，吸管，注射器和小玻璃棒。

③药品：6%苯巴比妥钠溶液，0.25 mol/L 蔗糖溶液（蔗糖 8.56 g，加水至 100 mL），88 mmol/L 氯化钙溶液（无水氯化钙0.98 g，加水至 100 mL），注射用生理盐水，Tris-HCI 溶液，甘油。

【实验方法】

①取大鼠（也可用小鼠）4 只，分成两组。A 组 2 只为诱导组，按每千克体重 60 mg腹腔注射苯巴比妥钠（即每千克体重腹腔注射 6%苯巴比妥钠溶液 1 mL），每日 1 次，连续 3 d。B 组 2 只为对照组，腹腔注射生理盐水（按每 10 克体重0.1 mL），每天 1 次，连续 3 d。至第 4 天测定各鼠肝脏微粒体中 P-450 的含量并详细记录于表 4-10 中。

②于第 4 天将禁食过夜的大鼠断头处死，迅速剖开胸腹腔，用注射器吸取冰冷的生理盐水从门静脉灌注肝脏，直至呈土黄色。取出肝脏（小鼠去掉胆囊），切取重约 3 g 的肝脏一块，精确称重后放入预先置于冰浴中的匀浆器。每克肝组织加入冰冷的 0.25 mol/L 蔗糖溶液 4 mL，磨成匀浆，所得匀浆分装至 2 mL 离心管，置于冷冻高速离心机，10 000 转/min 离心，4 ℃，离心 30 min；每毫升上清液中加入

0.1 mL 88 mmol/L 氯化钙溶液，混合均匀后冰浴 5 min，期间轻轻搅拌数次，4 ℃，22 000 转，离心 15 min，所得沉淀加适量 Tris-HCl 溶液重悬分装，得微粒体，按每体积加 20% 甘油，保存于 −80 ℃冰箱。取上述微粒体 10 μL，加入 90 μL Trisk-HCl 溶液，涡旋 30 s 混匀，得到稀释 10 倍的微粒体 A 溶液。在 A 溶液中取 10 μL 加入 90 μL Tris-HCl 溶液中，涡旋 30 s 混匀，得到稀释 100 倍的微粒体 B 溶液。在 96 孔板中分别加入 20 μL A 和 B，利用 BCA 试剂盒测定其蛋白浓度。得到相应的蛋白浓度后，分别乘以 10 和 100，从而得到肝微粒体原液的蛋白浓度。

【实验结果】

实验结果记录于表 4-10 中。

表 4-10 肝脏 P-450 含量

组别	鼠号	诱导处理	P-450 含量/(nmol/mg)
诱导组	1		
诱导组	2		
对照组	3		
对照组	4		

【注意事项】

为防止 P-450 破坏，实验全过程应在 4 ℃以下进行，并力求操作迅速，当室温超过 10 ℃时尤须注意。

【思考题】

根据实验结果，讨论药物对微粒体细胞色素 P-450 诱导与抑制的临床意义。

拓展知识 4-1

BCA 蛋白定量法测定蛋白质含量

【实验原理】

BCA 蛋白定量法是目前广泛使用的蛋白定量方法之一。碱性条件下，蛋白将 Cu^{2+} 还原成 Cu^{+}，Cu^{+} 与 BCA 试剂形成稳定的有颜色的复合物，该复合物在 562 nm 处有强烈的光吸收且蛋白质浓度和其吸光值在一定范围内具有良好的线性关系，可根据吸光值的大小测定蛋白质含量。

【实验材料】

酶标仪，96 孔板，BCA 试剂盒。

【实验方法】

1. 稀释 BSA 标准品(表 4-11)

BCA 工作液总量：(BSA 标准品样本个数＋未知样本个数)× 复孔数×每个样本 BCA 工作液体积

2. 微孔检测

按表 4-11 的方法，将稀释好的 A-G BSA 标准品和待测蛋白样品(稀释液及原液)各 25 μL 分别加入 96 孔板中。每孔加 200 μL BCA 工作液，充分混匀，37 ℃孵育 30 min，冷却至室温，在 3～5 min 内完成检测。在 562 nm 处测定每个样品的吸光值。绘制标准曲线，计算样品中的蛋白浓度。

表 4-11　稀释 BSA 标准品的操作方法

管号	稀释液用量/μL	BSA 标准品用量/μL	BSA 标准品最终浓度/(μg/μL)
A	0	50	2
B	50	50	1
C	50	50(从 B 管中吸)	0.5
D	50	50(从 C 管中吸)	0.25
E	50	50(从 D 管中吸)	0.125
F	50	50(从 E 管中吸)	0.062 5
G	50	0	0

【注意事项】

①吸光值会随着时间的延长而不断增大，因此所有样品测定需在 3～5 min 完成，否则会影响蛋白定量的准确度。

②建议以除去背景值后的吸光值读数绘制标准曲线。

③操作误差导致标准品读数严重偏离线性曲线的应舍去。

④如果得到的蛋白浓度不在检测范围内，请重新稀释样品后再次测定。

实验九　大鼠肝脏过氧化物的测定

【实验目的】

学习测定过氧化脂质的实验方法，观察药物的抗氧化作用。

【实验原理】

自由基的过氧化作用与许多疾病的发生、发展及衰老密切相关。自由基可使脂类形成过氧化物(过氧化脂质)。过氧化脂质的二级分解产物为丙二醛，它与硫代巴比妥酸反应生成粉红色化合物，可以通过比色的方法对其浓度进行定量测定。四乙氧基丙烷在上述反应的同一条件下也可生成丙二醛，因此用四乙氧基丙烷作为标准物质。

【实验材料】

①动物:大鼠,体重 250～300 g/只,雌雄均可。

②器材:恒温水浴振荡器,离心机,漩涡振荡器,组织匀浆机,722 分光光度计,恒温箱,定量移液管(1、0.5 和 0.1 mL),离心试管(10 mL),试管,烧杯,天平,鼠笼,注射器,记号笔,量筒,滤纸,镊子,剪刀。

③药品:0.2 g/mL 三氯乙酸溶液,6.7 mg/mL 硫代巴比妥酸溶液,四乙氧基丙烷,生理盐水。

【实验方法】

①制备肝匀浆:取大鼠称重后断头处死,取出肝脏,用滤纸吸去残血,称取 5 g,剪成小碎块,加生理盐水至 100 mL,用组织匀浆机制备肝匀浆(8 000～10 000 r/min)。

②测定过氧化脂质:将离心试管编号,取新鲜大鼠肝匀浆(50 mg/mL)1.5 mL 分别加入离心试管中;实验管中加入待测药物 0.1 mL,对照管中加入生理盐水 0.1 mL,于 37 ℃振荡温育 1.5 h;取出后加入 1.5 mL 0.2 g/mL 三氯乙酸。另外,设空白对照管,温育前加入 1.5 mL 0.2 g/mL 三氯乙酸,同上述两种实验管同样温育振荡(此管作为比色计调零时使用)。混匀后静置 10 min,3 000 r/min 离心 10 min;取上清液 1.5 mL,加 1 mL 6.7 mg/mL 硫代巴比妥酸,沸水浴加热 10 min,冷却后在 722 分光光度计 532 nm 波长处比色测定。

【实验结果】

湿重组织的过氧化脂质含量(nmol/g)等于检品在四乙氧基丙烷标准工作曲线上检出的相应值(nmol/L)乘以系数 68.89。

【注意事项】

①每次取匀浆时,应先涡旋 30 s,使各试管匀浆浓度保持一致。

②离心时一定要配平。

【思考题】

请选取一种药物,并制定实验方案证明其抗氧化作用。

第二节 神经系统药物实验

实验十 毛果芸香碱与阿托品的作用

【实验目的】

学习离体肠平滑肌器官的实验方法;观察拟胆碱药和抗胆碱药对离体兔肠的

作用。

【实验原理】

毛果芸香碱直接选择性兴奋M胆碱受体，产生与节后胆碱能神经兴奋时相似的效应。其特点是对多种腺体和胃肠道平滑肌有强烈的兴奋作用，但对心血管系统及其他器官的影响较小。对眼部作用明显，无论是局部点眼还是注射，都能兴奋虹膜括约肌上的M胆碱受体，使虹膜括约肌收缩，瞳孔缩小。

阿托品竞争性与M胆碱受体结合，使胆碱受体不能与乙酰胆碱结合，而其本身并不能产生激动受体的作用，表现出胆碱能神经被阻断的作用。对内脏平滑肌有松弛作用，当内脏平滑肌过度收缩或痉挛时松弛作用尤其明显。阿托品使虹膜括约肌和睫状肌松弛，引起散瞳、眼内压升高。

乙酰胆碱直接作用于M胆碱受体和N胆碱受体，从而产生M样作用和N样作用。

【实验材料】

①动物：家兔，体重(2.5±0.5)kg/只。

②器材：剪刀，烧杯，丝线，麦氏浴皿，注射器，球胆，螺旋夹子，温度计，生物信号采集系统，橡皮管，酒精灯，火柴，三脚架，L形通气管和恒温水浴锅。

③药品：台氏液(Tyrode)，0.01%氯乙酰胆碱溶液，0.01%硝酸毛果芸香碱溶液和0.05%硫酸阿托品溶液。

【实验方法】

①离体兔肠段标本的制备：取空腹家兔1只，耳缘静脉注射空气处死。迅速开腹，自幽门下6 cm左右处剪取空肠，小心去掉肠系膜，用台氏液将肠内容物冲洗干净，剪成长约2 cm的小段数段，置于保温38 ℃的台氏液内，供全班用(可用恒温水浴锅保温)。

②实验时取兔肠一段，一端系于麦氏浴皿L形通气管的小弯钩上，将通气管连同肠段放入盛有(38±1) ℃台氏液的麦氏浴皿内(麦氏浴皿置于装有用酒精灯保温的热水烧杯中)，L形通气管的另一端用橡皮管与充满空气的球胆连接，微微开启球胆橡皮管上的螺旋夹，使球胆内的空气以2个气泡/s的速度从通气管尖端的小孔逸出，以供给肠肌氧气，肠段的另一端系于张力传感器上，用生理仪或用生物信息采集系统记录。

③记录肠肌的正常蠕动曲线后，按下列顺序给药。

A. 加入0.01%氯乙酰胆碱溶液1～2滴，当作用显著时，立刻加入0.05%硫酸阿托品溶液1～2滴，当硫酸阿托品作用显著时，再加入等量的0.01%氯乙酰胆碱溶液。

B.加0.01%硝酸毛果芸香碱溶液2～3滴，当作用显著时，立即加入0.05%硫酸阿托品溶液1～2滴。

【实验结果】

以图片、列表或文字记述正常离体肠肌的张力和舒缩情况及加入各种药物后的反应，并对实验结果进行讨论。

【注意事项】

实验时，麦氏浴皿内台氏液量约为30 mL。当①项做完时应立即用台氏液冲洗肠肌3次，再做②项。

【思考题】

①使离体平滑肌保持其收缩功能需要哪些基本条件？

②从受体学说分析阿托品对肠肌的作用，并讨论这些作用的临床意义。

实验十一　新斯的明对筒箭毒碱和琥珀胆碱肌松作用的影响

【实验目的】

观察新斯的明对非去极化（筒箭毒碱）和去极化（琥珀胆碱）两种肌松药肌松作用的影响，学习麻醉大鼠腓神经-胫前肌标本的制备方法及其在肌松药研究中的应用。

【实验原理】

非去极化肌松药筒箭毒碱（阻断 N_2 受体）和去极化肌松药琥珀胆碱（先激动、后阻断 N_2 受体）的肌松作用机制不同。新斯的明是一种胆碱酯酶抑制剂，产生相当于乙酰胆碱的效果，与琥珀胆碱类似，所以琥珀胆碱的肌松作用不能用新斯的明解救；非去极化肌松药又称为竞争型肌松药，新斯的明既可直接激动 N_2 受体又可抑制胆碱酯酶活性，与筒箭毒碱竞争 N_2 受体，故可用新斯的明解救筒箭毒碱的肌松作用。

【实验材料】

①动物：大鼠，体重150～200 g/只。

②器材：手术器械一套，PowerLab一套（主机、刺激器、张力换能器），棉线，橡皮泥，大头钉和铁架台等。

③药品：0.005%氯化筒箭毒碱，0.03%氯化琥珀胆碱，0.01%溴化新斯的明，20%乌拉坦溶液，2%盐酸普鲁卡因和生理盐水。

【实验方法】

①安装并设定PowerLab记录肌张力的Chart设置文件，设定刺激器参数（刺激强度2 V左右，刺激间隔990 ms，波宽4 ms）。

②大鼠称重，按每 100 克体重 0.7 mL 腹腔注射 20％乌拉坦麻醉，数分钟后翻正反射消失，即可进行实验。

③分离坐骨神经：在髋关节后，坐骨结节内侧凹陷处切开皮肤，钝性分离肌肉，暴露出一段坐骨神经（粗大白色神经），用浸有普鲁卡因的棉线，围绕坐骨神经打一结，在坐骨神经干上做传导阻滞麻醉，排除上行干扰。

④分离腓神经：在膝关节外侧，剪开皮肤，钝性分离肌肉组织，分离腓神经（位置较浅，很细，在横向与斜向纤维之间，深层为胫神经，不可误认），神经穿线备用（以备在此安装刺激电极，进行实验刺激）。

⑤分离胫前肌：两前肢背位固定在手术台上（仰卧），从后肢踝关节正前方向上剪开小腿皮肤，剪断踝关节前部横韧带，分离胫前肌肌腱，沿胫骨分离胫前肌（注意不要损伤血管），在踝部的胫前肌肌腱处扎线，于结扎线远端切断肌腱。

⑥连接仪器：手术完成后，将胫前肌与 PowerLab 的张力换能器连接，腓神经处安放刺激电极。最适前负荷定为 10 g 左右。稳定一段时间后，于给药前记录一段正常的肌肉收缩曲线。

⑦给药 1：腹腔注射筒箭毒碱按每千克体重 0.2 mg（0.005％ 氯化筒箭毒碱按每 100 克体重 0.4 mL），待收缩振幅被抑制了 20％时（以正常振幅为 M，可由计算机显示屏上实时观察收缩振幅相对于 M 点的变化情况，也可拉开左侧窗口，进行对比观察），立即按每千克体重 0.1 mg 由舌静脉匀速注射新斯的明（0.01％溴化新斯的明按每 100 克体重 0.1 mL）。

⑧给药 2：肌肉收缩恢复后，按每千克体重 1.2～2.4 mg 腹腔注射0.03％氯化琥珀胆碱（即每千克体重 0.4～0.8 mL），待收缩振幅被抑制了 20％时，立即由舌静脉按每千克体重 0.1 mg 匀速注射 0.01％溴化新斯的明（即 100 克体重 0.1 mL）。

【实验结果】

实验结果记录于表 4-12 中。

表 4-12 新斯的明对筒箭毒碱和琥珀胆碱肌松作用的影响

药物	肌肉收缩曲线变化	
	幅度/g	收缩曲线下降 20％所需时间/min
筒箭毒碱		
新斯的明		
琥珀胆碱		
新斯的明		

【注意事项】

①新斯的明静脉注射不宜过快，可静脉插管给药。

②每次注射药物后，需立即注射生理盐水 0.5～1.0 mL，以便将插管内积存的药液全部注入静脉中。

【思考题】

①去极化肌松药(琥珀胆碱)和非去极化肌松药(筒箭毒碱)的肌松作用机制有何不同？

②新斯的明对去极化肌松药和非去极化型肌松药肌松作用的影响有何不同？为什么？

实验十二　β-受体阻断剂对离体脂肪组织游离脂肪酸释放的影响

【实验目的】

学习测定组织游离脂肪酸(FFA)的方法，观察 β-受体阻断剂对脂肪代谢的影响。

【实验原理】

脂肪组织存在 β-受体，凡能兴奋 β-受体的药物均能引起 FFA 的释放增加，若预先加入 β-受体阻断剂，可使游离脂肪酸释放量明显减少，甚至完全阻断，故可用来鉴定作用于 β-受体的药物。

【实验材料】

①动物：雄性大鼠，体重 150～200 g/只。

②器材：组织匀浆机，手术剪刀，手术镊子和双波长紫外分光光度计。

③药品：心得安(β-受体阻断剂)，3 mg/mL 戊巴比妥钠，培养液(4%牛血清白蛋白、5 mmol/L 葡萄糖)，去甲肾上腺素，肾上腺素或异丙肾上腺素，含 5%CO_2 的氧气和游离脂肪酸测定试剂盒。

【实验方法】

①取雄性大鼠，腹腔注射戊巴比妥钠按每千克体重 30 mg 麻醉，手术打开腹腔，取出附睾脂肪垫，放入室温的生理盐水中备用。

②称取脂肪组织，每份 200 mg，共 3 份，分别剪成细小碎块，分装于 3 个长颈瓶内，分别为对照组、实验组Ⅰ和实验组Ⅱ。

A. 对照组：加入培养液 4 mL。

B. 实验组Ⅰ：加入去甲肾上腺素、肾上腺素或异丙肾上腺素 0.1 mL(20～30 ng/mL)，然后加入培养液 3.9 mL。

C.实验组Ⅱ：先加入 0.1 mL 心得安(7.5～10.0 mg/mL)和培养液 3.8 mL，37 ℃培养 15 min 后，再加入去甲肾上腺素、肾上腺素或异丙肾上腺素 0.1 mL(20～30 ng/mL)。

上述 3 瓶充以含有 5% CO_2的氧气 10 min，37 ℃振荡培养 90 min，然后从各培养液中分别取出定量的培养液，按试剂盒说明测定 FFA 含量，以 mmol/L FFA/200 mg/90 min 表示，最后算出应用 β-受体阻断剂后对 β-受体兴奋药引起 FFA 释放增加的抑制百分率。

【实验结果】

实验结果记录于表 4-13 中。

表 4-13　β-受体阻断对离体脂肪组织游离脂肪酸释放的影响

组别	FFA 含量/(mmol/L)	抑制百分率/%
对照组		
实验组Ⅰ		
实验组Ⅱ		

【思考题】

β-受体阻断剂对脂肪代谢有何不利影响？

实验十三　两种局部麻醉药表面麻醉作用的比较

【实验目的】

学习表面麻醉的用药方法，比较普鲁卡因与丁卡因局麻作用的差异，以明确对表面麻醉药的要求。

【实验原理】

普鲁卡因与丁卡因同为局部麻醉药，但二者在溶解性、吸收、代谢等方面有显著差异。

【实验材料】

①动物：家兔 1 只，体重(2.5±0.5)kg。

②器材：兔固定箱，剪刀，滴管。

③药品：1%盐酸普鲁卡因溶液和 1%盐酸丁卡因溶液。

【实验方法】

取无眼疾家兔 1 只，保定(或放入兔固定箱)，检验正常角膜反射，分别拉开左右眼的下眼睑，滴入药液，左眼：1%盐酸普鲁卡因溶液 2 滴；右眼：1%盐酸丁卡因溶液2滴。滴药时，应压住鼻泪管，使药液停留1 min，然后任其流出，以防止药液流入鼻腔吸收中毒。滴药后每隔5 min测试角膜反射一次，到30 min为止。同时观察有无结膜充血等反应。记录并比较两药的局麻作用。

【实验结果】

实验结果记录于表4-14中。

表4-14 家兔眼部局部麻醉后角膜反射记录表

兔眼	滴入药物	给药前角膜反射	给药后角膜反射/min					
			5	10	15	20	25	30
左								
右								

【思考题】

①影响药物表面麻醉效果的因素有哪些？比较两药的作用效果，试着谈谈为什么。

②表面麻醉用于哪些场合？有哪些常用药物？使用中应注意哪些问题？

实验十四　局部麻醉药的传导麻醉作用

【实验目的】

了解普鲁卡因对神经干的传导麻醉作用，掌握传导麻醉的一般方法。

【实验原理】

局麻药为弱碱盐，其盐酸盐水溶液呈酸性，并解离成带电荷的阳离子。注入组织后，在生理性pH作用下，有部分离子状态的药物可转化为非离子型。这些非离子型药物易穿透脂质层，到达神经细胞膜上。透入神经纤维的局麻药必须转换成阳离子型才有活力。阳离子能与神经细胞膜上的钠离子通道闸门的磷脂分子中PO_4^{3-}相结合且与钙离子竞争结合部位，使钙离子失去与神经细胞膜的结合活力。药物与神经细胞膜上脂质的结合相当稳固，进而使钠离子通道封闭，阻止钠离子内流，抑制去极化过程而阻滞神经冲动的传导。

【实验材料】

①动物：蟾蜍。

②器材：脊髓破坏针，蛙板，手术剪，镊子，玻璃分针，大头针，铁支架，铁夹，干棉花，秒表和注射器。

③药品：1％盐酸普鲁卡因溶液和0.5％盐酸溶液。

【实验方法】

取蟾蜍 1 只,用脊髓破坏针从枕骨大孔刺入,向上破坏大脑,仰卧用大头针固定四肢于蛙板上。剖开胸腹腔,移去内脏,暴露两侧坐骨神经丛,用干棉花拭去胸腹腔的体液。用试管夹轻轻夹住下颌,将其悬吊在铁支架上。当蟾蜍不动时,将两后趾蹼分别浸入 0.5%盐酸溶液中,观察缩腿反射并记录反应时间(自浸入盐酸溶液到引起举足反应所需的时间),测量 3 次取平均值。每次测量后均用清水清洗后趾蹼,测量间隔 2 min 左右,然后用一个在 1%盐酸普鲁卡因溶液中浸过的棉球包绕右侧坐骨神经干。7~8 min 后,再将两足趾分别浸入 0.5%盐酸溶液中,测定并记录两后肢缩腿反射时间各 3 次。比较用药前后左右两后肢缩腿反射时间。

【实验结果】

实验结果记录于表 4-15 中。

表 4-15 蟾蜍后肢缩腿反射时间记录

后肢	用药前缩腿反射时间/s	药物	用药后缩腿反射时间/s
左		未用药	
右		盐酸普鲁卡因	

【思考题】

①局部麻醉有哪些方式?其含义是什么?

②传导麻醉的临床意义是什么?

实验十五 肾上腺素对普鲁卡因局部麻醉作用的影响

【实验目的】

了解肾上腺素延长普鲁卡因局部麻醉作用的原理与临床意义。

【实验原理】

肾上腺素能兴奋 α-受体和 β-受体。兴奋 α-受体(皮肤、黏膜和内脏的血管以 α-受体分布占优势)能使血管收缩,兴奋 β-受体(冠状动脉和骨骼肌血管以 β-受体分布占优势)能使血管扩张。因此,当肾上腺素与普鲁卡因合并用药(混合皮下注射)时,可以收缩用药局部血管,减缓普鲁卡因吸收,延长局部麻醉作用。

【实验材料】

①动物:家兔 1 只,体重(2.5±0.5)kg。

②器材:碘伏,医用棉签,毛剪,大头针注射器和针头。

③药品:0.25%盐酸普鲁卡因注射液和含有 1/10 000 g 肾上腺素的 0.25%盐酸普鲁卡因注射液。

【实验方法】

①取家兔1只，将两臀部的毛剪干净，碘伏消毒后，用大头针刺皮肤，测试其痛觉反射，以刺激部位的肌肉抽搐为感痛指标。

②在两臀部分别用0.25%盐酸普鲁卡因注射液和含有1/10 000肾上腺素的0.25%盐酸普鲁卡因注射液作浸润麻醉（皮下菱形注射），以后每5 min刺试一次，并比较两种药物的麻醉作用维持时间及注射部位皮肤颜色有何不同。

【实验结果】

实验结果记录于表4-16中。

表4-16 肾上腺素对普鲁卡因局部麻醉效果的影响

药物	用药前疼痛反应	用药后疼痛反应/min							
		5	10	15	20	25	30	35	40
普鲁卡因组									
普鲁卡因+肾上腺素组									

【思考题】

解释实验结果，并说明肾上腺素与普鲁卡因联用的临床意义。

实验十六 镇痛药的镇痛作用

一、热板法

【实验目的】

观察哌替啶的镇痛作用，了解热板法筛选镇痛药。

【实验原理】

伤害因素引起疼痛性刺激，通过感觉神经纤维传到中枢引起疼痛。热板法是将小鼠置于预先加热到(55±0.5) ℃的金属盘上，热刺激小鼠足部产生疼痛反应，以小鼠舔后足的时间为痛阈值，通过测定给药前后痛阈值的变化，可以反映药物的镇痛作用。

疼痛为临床最常见的症状之一，常由各种伤害性刺激引起，是机体的一种防御性反应，然而，强烈或持续的疼痛反应可导致机体生理功能紊乱。麻醉性镇痛药可通过抑制中枢神经系统的疼痛传递系统而产生强烈的镇痛效果，从而显著缓解疼痛反应。但由于麻醉性镇痛药连续使用极易产生强烈的身体和生理依赖性，一旦滥用会给个人、家庭和整个社会造成难以估量的损失。我国对于麻醉性镇痛药有十分严格的管理规定,从而避免此类药物的滥用。

【实验材料】

①动物:小鼠若干只,雌性,18～22 g/只。

②器材:RB-200 智能热板仪,1 mL 注射器,粗天平。

③药品:0.25%哌替啶注射液,注射用生理盐水。

【实验方法】

①准备工作:打开 RB-200 智能热板仪开关,等待温度上升恒定于(55±0.5)℃,既可放入小鼠进行测定。

②小鼠的选择及正常痛阈值的测定:取 18～22 g 雌性小鼠数只,依次放入智能热板仪上,立即按下时间记录按钮,当小鼠舔后足时,再按下时间记录按钮,读取时间数值,自放入至出现舔后足所需时间(s)作为该鼠的痛阈值。凡在 30 s 内不舔后足或逃避者则弃之不用。

将筛选合格的小鼠 20 只,随机分成甲、乙组,各鼠编号后重复测其正常痛阈值,将所得两次正常痛阈均值作为该鼠给药前的痛阈值。

③给药及给药后痛阈值测定:甲组小鼠按每 10 克体重 0.1 mL 皮下注射 0.25%哌替啶注射液(即按每千克体重 25 mg),乙组按每 10 克体重 0.1 mL 皮下注射生理盐水作为对照,给药后 15 min、30 min、60 min 和 90 min 各测小鼠痛阈值两次。若放入智能热板仪内 60 s 仍无反应,应将小鼠取出,以免把脚烫伤。痛阈值以 60 s 计。

④实验完毕后,所测的痛阈值按下列公式计算:

药物镇痛百分率=(用药后平均痛阈值-用药前平均痛阈值)/用药前平均痛阈值×100%

【实验结果】

实验结果记录于表 4-17 中。

表 4-17 哌替啶镇痛实验结果(热板法)

组别	体重/g	药物	给药剂量/mL	痛阈平均值/s				
				给药前	给药后/s			
					15	30	45	60
甲		哌替啶	25					
乙		生理盐水	—					

根据全实验室各组实验结果,以时间为横坐标,痛阈提高百分率为纵坐标,制成各药镇痛的时效曲线,借以分析药物的作用强度、作用开始时间及维持时间。

【注意事项】

①热板法测定小鼠痛阈值个体差异较大，实验小鼠要进行事先挑选，过分灵敏和迟钝的小鼠应剔除不用，选择痛阈值在15～30 s的小鼠为佳。

②雄性小鼠在热板实验中可因阴囊下垂而受到刺激，影响实验结果，故以雌性小鼠为好。

③室温保持恒定为宜(15～20 ℃)。

④小鼠舔后足计时后应立即取出小鼠，防止后足受热时间太长造成烫伤，重复测定痛阈值，两次之间应间隔5 min以上。

【思考题】

根据实验结果讨论镇痛药作用原理及临床应用。

二、扭体法

【实验目的】

观察阿司匹林的镇痛作用，了解扭体法筛选镇痛药。

【实验原理】

醋酸等化学刺激物腹腔注射刺激腹膜，能引起持久而大面积疼痛刺激反应导致小鼠出现腹部收缩内凹、躯干与后肢伸张、臀部高举等行为反应，称为扭体反应，此方法可用作疼痛模型，研究疼痛生理及筛选镇痛药。

【实验材料】

①动物：小鼠，18～22 g/只。

②器材：天平，鼠笼，注射器，针头，小鼠灌胃器。

③药品：6%阿司匹林混悬液，0.6%醋酸溶液，生理盐水。

【实验方法】

取小鼠20只，称重、编号，随机均分2组，分别给予下列药物。

①对照组(甲组)：灌胃生理盐水(每10克体重0.1 mL)。

②实验组(乙组)：灌胃6%阿司匹林混悬液(每10克体重0.1 mL)。

给药后30 min各鼠腹腔注射0.6%醋酸溶液0.2 mL，观察10 min内发生扭体反应的小鼠数。

【实验结果】

记录实验结果，按下列公式计算药物镇痛百分率，统计分析供试药是否具有镇痛作用。

表 4-18　阿司匹林镇痛实验结果(扭体法)

组别	药物	给药剂量/mL	鼠数/只	扭体反应鼠数/只	扭体反应百分率/%
甲组	生理盐水	0.1	10		
乙组	6%阿司匹林	0.1	10		

$$药物镇痛百分率=\frac{实验组无扭体反应鼠数-对照组无扭体反应鼠数}{对照组扭体反应鼠数}\times 100\%$$

【注意事项】

①醋酸溶液要临用前现配。

②室温宜恒定在 20 ℃左右,过高或过低不易发生扭体反应。

③镇痛百分率须大于 50%才能认为有镇痛作用。

【思考题】

热板法与扭体法测试镇痛作用有何区别?

实验十七　巴比妥类药物的催眠/抗惊厥作用

【实验目的】

学习用电刺激制作小鼠惊厥模型;观察苯巴比妥钠的抗惊厥作用。

【实验原理】

惊厥是大脑运动神经元异常放电所致全身骨骼肌不自主地强直、阵挛性收缩。电惊厥模型被广泛应用于抗惊厥药物的筛选,通过应用药理生理多用仪在实验动物头部进行短时间的强电流刺激,诱发动物产生全身或后肢强直性惊厥。苯巴比妥是一种抗惊厥药,可促进 GABA 与其受体的结合,延长氯通道开放时间增加氯离子内流,提高惊厥发作阈值,产生明显的镇静、抗惊厥作用。

【实验材料】

①动物:小鼠,18～22 g/只。

②器材:药理生理多用仪,1 mL 注射器,5 号针头和 1 000 mL 烧杯。

③药品:2%苯巴比妥钠溶液和注射用生理盐水。

【实验方法】

①取小鼠数只,用生理盐水擦湿两耳之间皮肤以利导电。用与 YSD-4 药理生理多用仪相连的金属鳄鱼夹夹住耳根部和下颚,"刺激方式"置于刺激位置上,打开电源开关,按下"启动"按钮,连续 2～3 次单次刺激(电压 100 V),须注意安全操

作。以后肢强直收缩作为电惊厥阳性鼠，选出数只。

②取电惊厥阳性鼠 4 只，称重标记。然后将小鼠分为 2 组，每组 2 只。一组腹腔注射 2%苯巴比妥钠溶液(每 10 克体重 0.05 mL)，另一组腹腔注射生理盐水(每 10 克体重 0.05 mL)，做对照。

③给药 30 min 后，以上述相同条件刺激小鼠，比较两组小鼠给药前后对电刺激的反应的差异。

【实验结果】

实验结果记录于表 4-19 中。

表 4-19 电刺激小鼠惊厥模型给药前后反应记录

鼠号	预处理药物	电刺激反应	
		给药前	给药后
1			
2			
3			
4			

【思考题】

①简述苯巴比妥钠的抗惊厥作用机制。

②简述巴比妥类药物抗惊厥的注意事项。

实验十八 钙、镁离子拮抗作用观察

【实验目的】

观察药物的拮抗作用，并了解其临床意义。

【实验原理】

静脉注射大剂量的硫酸镁可以阻断外周神经肌肉的传导，使骨骼肌松弛、肌肉瘫痪、呼吸抑制，其作用机制是减少了运动神经末梢 ACh 的释放。神经末梢 ACh 的释放需要 Ca^{2+} 参与，Ca^{2+} 与 Mg^{2+} 存在相互竞争性拮抗作用。硫酸镁可以作为抗惊厥药使用，过量使用中毒时可以用钙制剂解救，以促进 ACh 的释放从而恢复肌肉收缩功能。

【实验材料】

①动物：家兔，体重(2.5±0.5)kg/只。

②器材：台式磅秤，注射器(5 和 10 mL)，5 号针头，酒精棉球和干棉球。

③药品：12.5%硫酸镁溶液和 5%氯化钙溶液。

【实验方法】

①家兔 1 只，称重，拔去耳缘静脉处被毛，观察正常活动、姿势、肌肉张力以及呼吸频率。

②耳缘静脉缓慢注射 12.5％的硫酸镁溶液（每千克体重 2 mL），观察上述指标有何变化。

③当家兔肌肉松弛、低头卧倒和呼吸抑制时，立即静脉注射 5％ 氯化钙溶液（每千克体重 2～4 mL），直到家兔起立为止。

【实验结果】

实验结果记录于表 4-20 中。

表 4-20　家兔反应记录

	硫酸镁		氯化钙	
	给药前	给药后	给药前	给药后
家兔反应				

【注意事项】

①实验前必须充分显露耳缘静脉。

②硫酸镁溶液注射速度要缓慢，边注射边仔细观察，静脉注射前要提前准备好氯化钙溶液，以备紧急抢救用。

③家兔正常呼吸频率为 38～60 次/min，严重呼吸抑制时可进行人工呼吸。

④本实验硫酸镁溶液的剂量较大，中毒反应发生快而严重，解救一定要及时。

【思考题】

①简述硫酸镁过量中毒的机制及危险性。

②简述氯化钙解救硫酸镁过量中毒的机制。

实验十九　尼可刹米的呼吸兴奋作用

【实验目的】

学习呼吸活动的常用记录法，了解尼可刹米等中枢兴奋药对呼吸抑制的抢救作用。

【实验原理】

尼可刹米选择性兴奋延髓呼吸中枢，也作用于颈动脉体化学感受器而反射性兴奋呼吸中枢，提高呼吸中枢对 CO_2 的敏感性，使呼吸加深加快。对血管运动中枢有轻度兴奋作用。

尼可刹米作用温和，安全范围大，故临床用于各种原因引起的中枢性呼吸抑制，对阿片类药物中毒所致呼吸抑制效果较好，可首选。其作用维持时间短，静脉注射仅维持 10 min 左右，故常需间歇静脉给药。

【实验材料】

①动物：家兔，体重(2.5±0.5)kg/只。

②器材：固定箱，电子秤，生物信号采集系统、张力换能器，兔鼻插管，玛利氏气鼓，铁支架，双凹夹和注射器。

③药品：1.5％盐酸吗啡溶液，2.5％尼可刹米溶液和液体石蜡。

【实验方法】

取家兔 1 只，称重，放置于固定箱中。将连在玛利氏气鼓上的鼻插管涂上液状石蜡后，插入家兔一侧鼻孔内，用胶布固定。用细绳将玛利氏气鼓与张力换能器连接，张力换能器通过数据线与生物信号采集系统连接，调整好适当的描记曲线，开始记录。图 4-1 为家兔呼吸描记装置。

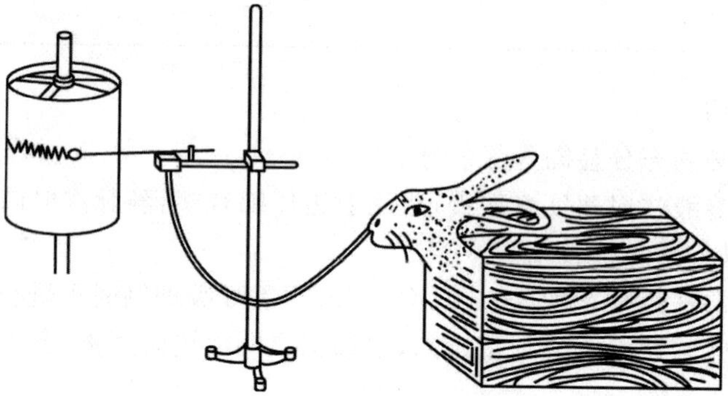

图 4-1 家兔呼吸描记装置

(引自 白波.动物机能实验教程，2004)

先记录一段正常呼吸曲线。自耳缘静脉缓慢注射盐酸吗啡 1.5％盐酸吗啡(每千克体重 1 mL)，连续记录。当出现明显呼吸抑制时，立即静脉缓慢注射尼可刹米2.5％溶液(每千克体重 2 mL)，观察呼吸曲线的变化(幅度和频率)。

【实验结果】

实验结果记录于表 4-21 中。

表 4-21 家兔呼吸活动记录

项目	正常	给予吗啡后	给予尼可刹米后
呼吸幅度/g			
呼吸频率/(次/min)			

【注意事项】

①注射吗啡应缓慢，以便控制剂量到刚能引起间歇性的陈施二氏呼吸。

②注射尼可刹米宜慢，便于控制剂量，避免惊厥发生。

【思考题】

为什么尼可刹米较适用于吗啡急性中毒的解救？使用时应注意什么？

第三节　血液循环系统药物实验

实验二十　离体蛙心灌流及药物的影响（斯氏法）

【实验目的】

学习离体蛙心制备及灌注方法；观察药物和某些神经体液因素对心脏节律性活动的影响。

【实验原理】

蛙心离体后，用类似于两栖类动物血浆的任氏液灌注时，在一定时间内，仍保持有节律的舒缩活动，当各种药物作用于心脏，心脏的节律性舒缩活动也随之改变。此外，心脏受植物性神经的支配及某些体液因素的调节和影响。因此，在灌流液中，滴加肾上腺素、乙酰胆碱等药物可间接观察神经体液因素对心脏活动的影响。

【实验材料】

①动物：蟾蜍。

②器材：生物机能系统或 BL-420 生物信号采集系统，张力换能器，探针，手术剪，眼科剪，烧杯，滴管，蛙心套管，蛙心夹，铁支架，试管夹，眼科镊，丝线，双凹夹，蛙板，蛙足钉等。

③药品：任氏液，10％洋地黄任氏液或 0.1％毒毛旋花子苷 K 溶液，1％氯化钾，1％氯化钙，0.01％乙酰胆碱，0.1％盐酸肾上腺素溶液和 20％安钠咖溶液。

【实验方法】

①取蟾蜍 1 只，使头向下，将蛙针于枕骨大孔处向前插入颅腔左右摇动，破坏脑组织，再将针插入脊椎管，以破坏脊髓，动物全身软瘫。

②仰位固定于蛙板上，先用普通剪刀将胸部皮肤剪开，再将胸部肌肉及软骨剪去，用眼科剪剪破心包膜，暴露心脏。

③于主动脉干下绕一线，左右放平，备结扎用。在主动脉右侧分支下，再穿一线，尽量在远心端扎紧，左手提线，右手以眼科剪于左主动脉上向心剪一“V”形切口，

将盛有任氏液的蛙心套管，通过主动脉球转向左后方，同时用镊子轻提动脉球，向插管移动的反方向拉，即可使插管尖端顺利进入心室，用主动脉干下的线结扎固定。

④剪断两根动脉，轻轻提起蛙心套管，再在静脉窦下把其余血管一起结扎，在结扎下方剪断血管使心脏与蛙体分离，立即以滴管吸去蛙心套管内血液，以任氏液反复冲洗数次，直到离体心脏无存血为止。最后套管内任氏液限定 1 mL。

⑤将蛙心套管固定于铁柱上，用蛙心夹夹住心尖，连于张力换能器，输入生物机能系统进行信号采集、记录和分析。

⑥观察心搏曲线，上升支表示心室收缩，下降支表示心室舒张，注意观察心搏频率与幅度。将下列药物依次滴入套管内，观察心搏曲线变化，并记录结果。用 38 ℃任氏液冲洗 3 次。待频率与幅度接近正常值，再进行下一种药物的实验。

A. 1%氯化钾溶液 2～3 滴。

B. 20%安钠咖溶液 2～3 滴。

C. 10%洋地黄任氏液或 0.1%毒毛旋花子苷 K 溶液 2～3 滴。

D. 1%氯化钙溶液 2～3 滴。

E. 0.01%乙酰胆碱 2～3 滴。

F. 0.1%盐酸肾上腺素溶液 2～3 滴。

【实验结果】

实验结果记录于表 4-22 中。

表 4-22 几种药物对离体、蛙心心脏节律的影响

药物	频率/(次/min)	收缩张力/g	收缩幅度/g	心跳曲线
氯化钾				
安钠咖				
洋地黄任氏液				
氯化钙				
乙酰胆碱				
盐酸肾上腺素				

【注意事项】

①制备蛙心灌流标本是本实验的关键，蛙心套管一定要插入左心室。

②在实验中加入药液记录结果后要用任氏液反复冲洗，如果对心脏抑制明显，要及时冲洗。

【思考题】

①根据曲线图中表示的幅度、频率、张力等，分析以上 3 种药对心脏的作用特点。

②在本实验中可以看出强心苷的哪几种药理作用？

实验二十一 利多卡因对氯化钡诱发心律失常的治疗作用

【实验目的】

学习氯化钡诱发大鼠心律失常的方法，观察利多卡因的抗心律失常作用。

【实验原理】

氯化钡能促进蒲氏纤维的钠离子内流，提高舒张期的除极速率，从而诱发室性心律失常，可表现为室性早搏、二联律、室上性心动过速、心室纤颤等，也是一种筛选抗心律失常药的模型。

【实验材料】

①动物：大鼠 2 只，体重 250～300 g/只。

②器材：生物机能系统或心电图机，手术剪，眼科镊，大鼠固定台，注射器，头皮静脉注射针头和棉球等。

③药品：3%戊巴比妥钠溶液，0.4%氯化钡溶液，0.5%利多卡因溶液和注射用生理盐水。

【实验方法】

取大鼠 1 只，称其体重，用 3%戊巴比妥钠溶液（每千克体重 50 mg）腹腔注射麻醉，背位固定于手术台。于大腿内侧股动脉处剪开皮肤约 2 cm，暴露股静脉，插入与注射器相连接的头皮静脉注射针头，以备给药。

将生物机能系统或心电图机的针形电极插入大鼠的四肢及胸部皮下，作描记心电图准备（具体操作见生物机能系统或心电图说明）。描记一段正常心电图后，按每千克体重 4 mg 静脉注射氯化钡溶液（即每千克体重 0.01 mL），再推入生理盐水（每千克体重 0.05 mL）。立即描记心电图 20 s，以后每隔 1 min 再描记心电图一小段，连续用电脑或示波器监视，直至恢复窦性心律。记录心律失常的持续时间。

取另 1 只大鼠，用戊巴比妥钠溶液麻醉后以同法诱导心律失常。出现心律失常心电图后，立即由股静脉按每千克体重 5 mg 注入 0.5%盐酸利多卡因（每千克体重 0.01 mL），按上述要求描记心电图或用电脑及示波器监视。以能否立即制止心律失常或心律失常的持续时间有无缩短为指标，评价利多卡因对氯化钡诱发心律失常的治疗作用。

【实验结果】

实验结果记录于表 4-23 中。

表 4-23 利多卡因对心律失常的治疗效果

药物	正常心电图（Ⅱ导联）	给药后心电图变化（Ⅱ导联）					
		20 s	1 min	3 min	5 min	7 min	11 min
氯化钡							
氯化钡＋利多卡因							

【注意事项】

①用利多卡因拮抗氯化钡的诱发心律失常作用，起效极快，因而在推注利多卡因期间即可开始描记心电图，以便观察其转变过程。

②小鼠、大鼠、豚鼠等小动物即使发生心室纤颤，也常可自然恢复。而猫、犬、猴等大动物则不然，发生心室纤颤后，多以死亡而告终。

③头皮静脉注射针导管内宜先用少量的生理盐水肝素溶液润湿，以防血液回流时发生凝固现象。

【思考题】

根据不同时间内的心电图变化，分析利多卡因抗心律失常的作用特点。

实验二十二 阿司匹林对血小板聚集作用的影响

【实验目的】

了解血小板聚集的实验方法，观察阿司匹林的抗血小板聚集作用。

【实验原理】

血小板在体内外受到诱导剂刺激可发生急剧变形，暴露膜上受体位点，与纤维蛋白原结合而导致血小板聚集。测定血小板聚集性的方法有比浊法、比值法和血栓法等，其中比浊法最常用。富血小板血浆(PRP)具有一定浊度，其浊度高低与所含血小板数目相关。当 PRP 中加入诱导剂后搅拌，部分血小板聚集成聚集物，PRP 浊度下降，透光度增加，因此，可用 PRP 的浊度变化来表示血小板的聚集程度。同时，利用血小板聚集仪中的光电系统将 PRP 的浊度变化转换为电信号变化，通过记录仪描记的曲线求出血小板的聚集程度。

【实验材料】

①动物：雄性大鼠，体重 250～300 g/只。

②器材：大鼠手术台，手术器械，纱布，塑料试管，5 mL 塑料注射器，搅拌子，比浊管，200 μL，25 μL 微量进样器，25 μL 吸头，离心机，血小板聚集仪和显微镜。

③药品：3.2％枸橼酸钠溶液，4 μmol/L 二磷酸腺苷(ADP)溶液，3％戊巴比妥

钠溶液,0.05%阿司匹林溶液和生理盐水。

【实验方法】

1. 动物处理

取雄性大鼠 2 只,称重,分成阿司匹林组和正常对照组。实验前 1 h 分别按 1 mL/100 g 灌胃 0.05%阿司匹林溶液和等量生理盐水。

2. 标本制备

①制备富血小板血浆(PRP):大鼠用 3%戊巴比妥钠溶液按每 100 克体重 0.1 mL 腹腔麻醉,塑料注射器经颈总动脉取血,3.2%枸橼酸钠溶液 1∶9 抗凝。800 r/min 离心10 min,上清液即为 PRP。小心吸取上清液备用。

②制备贫血小板血浆(platelet poor plasma,PPP):将吸出 PRP 后余下的血浆 4 000 r/min 离心 10 min,取上清液即为 PPP。

③用 PPP 稀释 PRP 中血小板数目至(6～7)×10^8/mL。

3. 测定方法

①血小板聚集仪预热 15 min 后,将 PRP 插入血小板聚集仪预热孔中,37 ℃孵育 5 min。

②取 PPP 200 μL 于比浊管中,插入比浊孔中调零。

③取 PRP 200 μL 于比浊管中,加入搅拌子,插入该比浊孔中。加 ADP 22 μL 于 PRP 管中,迅速混匀。观察 PRP 在 1 min、3 min、5 min 的聚集率及 5 min 内的最大聚集程度,计算药物抑制聚集率。

$$\text{药物抑制聚集率}=\frac{\text{对照组最大聚集率}-\text{实验组最大聚集率}}{\text{对照组最大聚集率}}\times 100\%$$

【实验结果】

实验结果记录于表 4-24 中。

表 4-24　阿司匹林对血小板凝集的抑制率　%

分组	血小板最大聚集率	阿司匹林抑制率
阿司匹林组		
正常对照组		

【注意事项】

①取血要迅速准确,避免反复穿刺。

②制备的血小板应置于室温。测定聚集时,血小板聚集仪的温度应严格控制

在(37±0.1)℃。

③大鼠血小板计数应尽可能控制于(6～7)×10^8/mL。

【思考题】

阿司匹林抗血小板凝集和抗血栓作用的机制是什么?

第四节 消化系统药物实验

实验二十三 药物对在体及离体肠运动的影响

一、药物对在体肠运动的影响

【实验目的】

学习肠道推进运动实验法,观察药物对肠运动的影响。

【实验原理】

依文思蓝是一种染料,其在肠道的推进距离可指示药物对肠运动的作用(增强或抑制)及程度(强或弱),从而直观地观察药物对在体肠运动的影响。

【实验材料】

①动物:小鼠,体重 18～22 g/只。

②器材:电子秤(或天平),小鼠灌胃针头,1 mL 注射器,组织剪,眼科剪,眼科镊,直尺,搪瓷盘,烧杯和棉签。

③药品:0.001%乙酰胆碱溶液,0.001%硫酸新斯的明溶液,0.125%吗丁啉溶液,0.001%盐酸肾上腺素溶液,生理盐水,0.4%依文思蓝溶液和苦味酸溶液。

【实验方法】

①禁食 12～24 h 的小鼠 6 只,称重,标记。

②按每 10 克体重 0.2 mL 给 1～5 号小鼠分别灌胃 0.001%乙酰胆碱溶液、0.001%硫酸新斯的明溶液、0.125%吗丁啉溶液、0.001%肾上腺素溶液,6 号鼠灌胃生理盐水,记录给药时间。

③给药 5 min 后,各小鼠均灌胃 0.4%依文思蓝溶液 0.2 mL,记录给药时间。

④给药 15 min 后,将各小鼠颈椎脱臼处死,迅速剖开腹腔,找到胃幽门和回盲部,剪断小肠肠管,分离肠系膜,小心置于湿润的搪瓷盘内,轻轻将肠管摆成直线。测量小肠的总长度和依文思蓝在肠内移动的距离(即幽门至肠内依文思蓝最前沿处的长度),计算依文思蓝移动率。公式如下:

依文思蓝移动率=依文思蓝在肠内移动的距离/小肠的总长度×100%

【实验结果】

实验结果记录于表 4-25 中。

表 4-25　不同药物对肠运动的影响

编号	药物	给药剂量/mL	小肠总长度/mm	伊文思蓝移动长度/mm	伊文思蓝移动率/%
1	乙酰胆碱				
2	新斯的明				
3	吗丁啉				
4	肾上腺素				
5	生理盐水				

【注意事项】

①给药剂量要准确，各鼠给药及处死时间要一致，测量肠管长度应避免过度牵拉。

②若依文思蓝移动有中断现象，应以移动最远处为测量终点。

③取出小肠后如用甲醛固定，测量结果会更准确。

④为避免个体差异，可以总结全班各组的实验结果。

【思考题】

乙酰胆碱、新斯的明、吗丁啉和肾上腺素各属于哪类药物？对肠道各有何作用？其机理如何？临床上各有什么用途？

二、药物对离体肠运动的影响

【实验目的】

学习兔离体肠道的制备方法，观察药物对离体兔肠运动的影响。

【实验原理】

生理信号采集系统可测量和记录血压、心电、呼吸、脉搏、胃肠平滑肌、骨骼肌、心肌收缩等机体组织的运动状态。本实验制备兔离体肠道，与张力换能器相连，在生理信号采集系统上显示用药后的肠运动状态（张力、幅度和节律），从而观察药物对离体肠运动的影响。

【实验材料】

①动物：家兔，体重(2.5±0.5)kg/只。

②器材：麦氏浴槽，生理信号采集系统，张力换能器，手术剪，眼科镊，注射器，培养皿，缝针和棉线。

③药品：0.05％硫酸新斯的明溶液，0.01％盐酸肾上腺素溶液，0.125％吗丁啉

溶液，0.05%硫酸阿托品溶液，0.01%乙酰胆碱溶液和台氏液。

【实验方法】

①离体兔肠段标本的制备：取空腹家兔1只，左手持髂上部，右手握木棒，猛击枕骨部致死。迅速开腹，自幽门下6 cm处剪取空肠，剪成约2 cm的小段，放入盛有台氏液的培养皿中备用。

②取约2 cm长的制备好的兔空肠标本，在盛有台氏液的培养皿中，于肠段两端用缝针各穿一线，其一端系在通气管的小钩上，将通气管连同肠段放入盛有(38±0.5)℃台氏液的麦氏浴槽内(台氏液量约30 mL)。此时，螺旋夹控制给氧的气泡，以每分钟100～120个气泡为宜。另一端系在调好的生理信号采集系统的张力换能器上。

③连接后，使肠段平稳5 min，打开记录仪描记一段离体小肠平滑肌的正常收缩曲线，注意观察基线水平、收缩幅度和节律，然后给药。

④在麦氏浴槽中加入0.05%硫酸新斯的明溶液0.5 mL，观察肠肌张力、收缩幅度及节律的变化。待作用出现后，更换新鲜台氏液，肠段活动恢复后进行下一项实验。

⑤在麦氏浴槽中加入0.01%盐酸肾上腺素溶液2～4滴，观察肠肌张力、收缩幅度及节律的变化。待作用出现后，更换新鲜台氏液，肠段活动恢复后进行下一项实验。

⑥在麦氏浴槽中加入0.125%吗丁啉溶液0.5 mL，观察肠肌张力、收缩幅度及节律的变化。待作用出现后，更换新鲜台氏液，肠段活动恢复后进行下一项实验。

⑦在麦氏浴槽中加入0.05%阿托品溶液2～4滴，经3 min后，再加入0.01%乙酰胆碱溶液2～4滴，观察肠肌张力、收缩幅度及节律的变化。

【实验结果】

正常离体肠肌及加入各药物后的张力和收缩情况变化记录于表4-26中。

表4-26 不同药物对肠肌张力及收缩节律的影响

编号	药物	张力/g	幅度/g	频率/(次/min)
0	无			
1	新斯的明			
2	肾上腺素			
3	吗丁啉			
4	阿托品			
5	乙酰胆碱			

【注意事项】

①控制浴槽中的水温，以保持肠段的收缩功能与药物反应。

②加药前，先准备好每次更换用的 38 ℃台氏液。

③每次加药出现反应后，必须立即更换浴槽内的台氏液，至少 2 次。每项实验加入台氏液的量应相同。须待肠段运动恢复正常后再进行下一项实验。

④上述各药用量是参考剂量，若效果不明显，可以适当增加药物剂量。

⑤供氧的气泡过大过急都会使悬线振动，导致标本较大幅度地摆动而影响记录结果。

【思考题】

①观察并分析吗啡、新斯的明、肾上腺素、吗丁啉、阿托品和乙酰胆碱对小肠平滑肌收缩活动的影响及作用机理。

②离体器官实验有效是不是说明对靶动物有效？一种新药能否获批上市，应满足哪些重要指标？

拓展知识 4-2

台氏液配制方法

NaCl 8.0 g、KCl 0.2 g、$CaCl_2$ 0.2 g、$NaHCO_3$ 1.0 g、NaH_2PO_4 0.05 g、$MgCl_2$ 0.1 g、葡萄糖 1.0 g，加蒸馏水至 1 000 mL。注意：$CaCl_2$溶液须在其他基础溶液混合并加蒸馏水稀释之后，一边搅拌一边逐滴加入，否则将生成钙盐沉淀。葡萄糖应在临用时加入，加入葡萄糖的溶液不能久置。

实验二十四　硫酸镁的导泻作用

【实验目的】

通过观察硫酸镁对肠道的作用，了解盐类泻药的导泻作用机理。

【实验原理】

渗透压是影响肠吸收的重要因素。盐类泻药易溶于水，其水溶液中的离子（如 Mg^{2+}、SO_4^{2-}）不易被肠壁吸收，在肠内形成高渗环境，阻止肠内水分吸收，并能将组织中的水分吸入肠管。使用大剂量硫酸镁可增加肠道内渗透压，使肠内保持大量水分，增大肠内容积，刺激肠黏膜，提高肠管蠕动强度和频率，从而产生导泻作用。在使用硫酸镁导泻时应注意补充水分，以提高致泻效果，避免出现脱水。

【实验材料】

①动物：家兔，体重（2.5±0.5）kg/只。

②器材：兔手术台，毛剪，剪刀，镊子，烧杯，止血钳，止血纱布，注射器和棉线。

③药品：1%硫喷妥钠溶液，6.5%和 20%硫酸镁溶液和生理盐水。

【实验方法】

①将兔称重，麻醉：耳静脉缓慢注射1%硫喷妥钠(每千克体重1～2 mL)。

②将兔仰卧保定于手术台上，剪去腹部被毛，消毒后，沿腹中线剪开腹壁，取出小肠(以空肠为佳，若有内容物应小心把肠内容物向后挤)，用不同颜色的棉线将肠管结扎成等长的3段(2～3 cm)，每段分别注射等量0.5～1 mL生理盐水、6.5%和20%硫酸镁溶液。

③注射完毕后，将小肠放回腹腔，用止血钳封闭腹壁，并用浸有37 ℃生理盐水的药棉覆盖40 min后打开腹腔，观察3段结扎小肠的容积变化。

【实验结果】

实验结果记录于表4-27中。

表4-27 不同浓度的硫酸镁溶液对肠容积的影响 mL

肠段号	1	2	3
药物	6.5%硫酸镁溶液	20%硫酸镁溶液	生理盐水
容积变化			

【注意事项】

①选择肠管的长度和粗细尽量相同。

②结扎时保证3段肠管间不相通。

③每段的小肠血管要比较均匀。

④注射前肠管充盈度尽量相同。

⑤注射时不要损伤肠系膜血管和神经。

【思考题】

硫酸镁的导泻作用机理是什么？临床应用盐类泻药应注意哪些问题？

第五节 呼吸系统药物实验

实验二十五 药物的祛痰作用

【实验目的】

通过实验学习利用小鼠酚红法来观察药物的祛痰作用，从而掌握祛痰药的作用机制。

【实验原理】

酚红是一种小分子有机酸，其吸收入血后不能被机体所代谢，少部分以原形从肾脏排泄，大部分随气管分泌液经呼吸道向外排泄。进入气管内的酚红量与气管分泌液的分泌量成正比，将气管冲洗液离心后于分光光度计上进行比色（$L=546$ nm），然后根据对照标准曲线可求出气管冲洗液中的酚红浓度，从而间接求出气管液的分泌量。本实验通过比较给予 2 种祛痰药后气管冲洗液中的酚红浓度，来比较 2 种药物的祛痰作用。

【实验材料】

①动物：小鼠 3 只，体重 18～22 g/只，雌雄兼可。

②器材：鼠笼，电子天平，注射器（1 mL），灌胃器，手术剪，眼科剪，眼科镊，气管冲洗针，试管，试管架，蛙板，台式天平，722 型分光光度计，棉线和粗滤纸。

③药品：100%远志煎剂，200%桔梗煎剂，0.6%酚红溶液，5%$NaHCO_3$溶液，苦味酸和纯净水。

【实验方法】

①取小鼠 3 只（实验前禁食 8～12 h），称重、标号，1 只用纯净水按每 10 克体重 0.3 mL 灌胃，另外 2 只分别用同量的 100%远志煎剂和 200%桔梗煎剂灌胃，同时每只小鼠颈背部皮下注射 0.6%酚红溶液（每 10 克体重 0.25 mL）。

②1 h 后使小鼠颈椎脱臼致死，背位固定于蛙板上，然后沿颈部正中线剪开皮肤，长 2 cm 左右，分离肌肉，暴露气管，于气管下穿一线备用，在环状软骨下将气管剪一小口，向心方向插入气管冲洗针，深约 0.4 cm，结扎并固定。

③用 1 mL 注射器取 5% $NaHCO_3$溶液 0.8 mL 重复冲洗气管 3 次，每次缓慢而不停顿地推入 0.4～0.6 mL 后再抽出，冲洗完毕后将洗出液放入一试管内，同上法重复 2 次，合并 3 次洗出液 2.4 mL 左右，并与标准酚红管进行目测比色，若给药鼠的酚红浓度为对照鼠的 2 倍时认为有效，超过 2.5 倍时认为效果显著。

【实验结果】

实验结果记录于表 4-28 中。

表 4-28　不同药物的祛痰作用

鼠号	药物	有效	显效
1	纯净水		
2	远志煎剂		
3	桔梗煎剂		

【注意事项】

①解剖分离气管时，不要损伤甲状腺及周围的血管，以防止血液污染气管洗液而影响比色结果。

②气管冲洗针插入气管时不要用力过大，以免刺破气管，针头也不应插入太深以免进入支气管。

③在用5% $NaHCO_3$溶液冲洗时，应当缓慢，不要推入空气，每次尽可能把推入体内的液体全都抽出来。

④比色用的试管内径及管壁的厚薄，应尽可能与标准酚红比色管相一致。

【思考题】

小鼠酚红法适用于筛选哪一类祛痰药？

拓展知识 4-3

酚红标准液的配制方法

①0.6%酚红溶液的配制：用分析天平准确称取酚红 0.68 g，加入 2% NaOH 溶液 0.34 mL，然后加入 0.75% NaCl 溶液至 100 mL。

②标准酚红管的配制：取 0.6%酚红溶液 0.2 mL，加 5% $NaHCO_3$ 溶液至 200 mL 得 6 μg/mL，再用 5% $NaHCO_3$ 溶液依次稀释至 5 μg/mL、4 μg/mL、3 μg/mL、2 μg/mL、1 μg/mL 和 0.5 μg/mL。每个比色管的毫升数相等，放入暗处保存。

实验二十六　可待因的镇咳作用

一、小鼠氨水引咳实验

【实验目的】

通过浓氨水引咳的方法，观察可待因的镇咳作用。

【实验原理】

咳嗽是机体将气道阻塞或异物清除的一种防御性呼吸反射。咳嗽反射弧由5个环节组成：感受器(呼吸道)→传入神经(主要为迷走神经)→咳嗽中枢→传出神经→效应器。中枢性镇咳药可待因通过抑制咳嗽中枢而起到镇咳的作用。

从咳嗽的反射弧来看，目前常用的引咳方法主要是刺激呼吸道上的感受器或传入神经，主要有机械刺激法、电刺激法、化学刺激法等多种方法。其中以浓氨水喷雾引咳法应用较为普遍，此法具有方便、快捷、耗药量少等优点。

【实验材料】

①动物:小鼠 8 只,体重 18～22 g/只,雌雄兼可。

②器材:鼠笼,天平,灌胃器,棉球,大烧杯和注射器(1 mL)。

③药品:0.3%盐酸可待因,生理盐水和浓氨水。

【实验方法】

①取健康的小鼠 8 只,称重,标记,随机分成甲、乙两组。

②甲组鼠注射 0.3%盐酸可待因溶液(每 10 克体重 0.2 mL);乙组鼠注射生理盐水(每 10 克体重 0.2 mL),每只小鼠给药间隔 5 min 左右。

③给药 0.5 h 后,将小鼠扣入 500 mL 烧杯中,再将注入 0.2 mL 浓氨水的棉球迅速放入烧杯中,立即记录小鼠的咳嗽潜伏期和 2 min 内的咳嗽次数。

【实验结果】

在表 4-29 中记录每只小鼠咳嗽潜伏期及 2 min 内的咳嗽次数,然后求其平均值。

表 4-29 各组小鼠咳嗽潜伏期及 2 min 内咳嗽次数

咳嗽情况	甲组小鼠				乙组小鼠			
	1号	2号	3号	4号	1号	2号	3号	4号
咳嗽潜伏期								
2 min 内咳嗽次数								

【注意事项】

①棉球的大小、松紧程度要适中,尽可能一致。

②潜伏期即把棉球放入后至第一次咳嗽的时间。

③小鼠咳嗽很难听到声音,因此应注意观察,表现为剧烈腹肌收缩并张嘴时即可判断为咳嗽。

④盐酸可待因为混悬液,应混匀后再用,以保证给药均匀。

二、豚鼠枸橼酸引咳实验

【实验目的】

了解枸橼酸对豚鼠引咳的最佳条件,观察可待因的镇咳作用。

【实验原理】

实验原理同小鼠氨水引咳实验。

【实验材料】

①动物:豚鼠 4 只,体重 200～250 g/只,雌雄兼可。

②器材:鼠笼,天平,灌胃器,棉球,大烧杯和注射器(1 mL),超声雾化器。

③药品：0.3%盐酸可待因，生理盐水和枸橼酸。

【实验方法】

① 取健康豚鼠4只，称重，标记，随机分为2组。

② 给药：甲组豚鼠注射0.3%盐酸可待因注射液(每10克体重0.2 mL)；乙组豚鼠注射同体积生理盐水，给药前先禁食12 h，然后次晨给药，连续4 d，末次给药半小时后将豚鼠放入5 000 mL烧杯中，用保鲜膜封住烧杯口，透过膜上的小口以超声雾化器的最大喷雾量喷入17.5%的枸橼酸溶液，持续喷10 s、20 s、30 s和60 s，停止喷雾后，将喷雾管拔出，仅剩一个小口通空气，观察从喷雾开始持续5 min的咳嗽潜伏期(即从喷雾开始到前次出现咳嗽的时间)和咳嗽次数(并记录每分钟咳嗽次数)。5 min后立即揭开保鲜膜，迅速将豚鼠转移至正常环境中，再观察5 min内豚鼠的咳嗽次数，以便观察枸橼酸的后遗效应。

【实验结果】

记录每只小鼠咳嗽潜伏期及2 min内的咳嗽次数，然后求其平均值。

【思考题】

可待因镇咳作用的机理是什么?

实验二十七　药物对离体气管平滑肌的影响

【实验目的】

观察平喘药对离体气管平滑肌的作用。

【实验原理】

气喘发生的原因是多方面的，有过敏性或非过敏性因素，病理变化有气道的平滑肌痉挛、腺体分泌增加、黏膜水肿、小气道阻塞等。气道平滑肌上分布有α、β2、M和组胺受体，协调维持平滑肌张力的平衡，因此，这些受体激动药或阻断药，将影响气管平滑肌的张力。

【实验材料】

① 动物：豚鼠，体重150～250 g。

② 器材：张力换能器，BL-420型生物机能实验系统，恒温水浴槽，手术刀，手术剪，眼科镊，小止血钳，结扎线，烧杯，麦氏浴皿，Z形管，温度计，三角烧瓶，培养皿，注射器，二连球，胶管，螺旋夹。

③ 药品：0.1%磷酸组胺溶液，0.1%氯化乙酰胆碱溶液、2.5%氨茶碱溶液、0.01%肾上腺素溶液，K H液(配制方法见拓展知识4-4)。

【实验方法】

①制备离体气管：取豚鼠1只，木棒击头致死。沿颈正中切开，轻剥周围组织，

分离出气管，自甲状软骨下至气管分支处剪下气管，立即置于盛有温度(37±1)℃的K- H液的平皿内。除去气管上的结缔组织，用手术剪将气管剪成螺旋形的气管片(斜度以30°、宽度以2～3 mm为宜)，或沿软骨环筒横切气管为5～6段，用棉线将各段结扎成链状，也可沿气管腹面纵行切断，再于每两个软骨环间切断，平分成5段，将5段沿纵向切口，用棉线缝合成一串。

②制成的气管标本两端分别用线结扎，一端系于Z形弯钩上，另一端连于张力换能器上，将标本放入装有37 ℃ K-H液的麦氏浴皿内(浴皿内液体为50～60 mL)，用二连球从Z形管给以95%氧气和5%二氧化碳混合气体，静置30分钟，观察基线水平、收缩幅度，当基线稳定后再进行下列实验。

③向麦氏浴皿内加入0.1%氯化乙酰胆碱溶液0.5～1.0 mL，观察基线水平、收缩幅度的变化。待作用出现后，用K-H液冲洗3次，恢复正常后进行下一项实验。

④向麦氏浴皿内加入2.5%氨茶碱溶液0.5～1.0 mL，观察基线水平、收缩幅度的变化。待作用出现后，用K-H液冲洗3次，恢复正常后进行下一项实验。

⑤向麦氏浴皿内加入0.1%磷酸组胺溶液0.5～1.0 mL，观察基线水平、收缩幅度的变化。待作用出现后，用K-H液冲洗3次，恢复正常后进行下一项实验。

⑥向麦氏浴皿内加入0.01%肾上腺素溶液0.5～1.0 mL，观察基线水平、收缩幅度的变化。待作用出现后，用K-H液冲洗3次，恢复正常后进行下一项实验。

【实验结果】

记录各药刺激时气管平滑肌的张力和幅度大小，比较各药的作用。

【思考题】

分析组胺、乙酰胆碱、氨茶碱、肾上腺素等药物对气管平滑肌的作用。

拓展知识4-4

K-H液的配制方法

按表4-30称取药物，并配制成相应体积的溶液。

表4-30 K-H液的不同配制比例

成分/g	体积/mL						
	500	1 000	2 000	2 500	3 000	4 000	5 000
NaCl	3.46	6.92	13.84	17.3	20.76	27.68	34.6
KCl	0.175	0.35	0.70	0.875	1.05	1.40	1.75
$NaHCO_3$	1.05	2.1	4.2	5.25	6.3	8.4	10.5

续表 4-30

成分/g	体积/mL						
	500	1 000	2 000	2 500	3 000	4 000	5 000
KH_2PO_4	0.08	0.16	0.32	0.40	0.48	0.64	0.80
$MgSO_4$	0.15	0.29	0.58	0.73	0.87	1.16	1.45
葡萄糖	1.05	2.1	4.2	5.25	6.3	8.4	10.5
无水 $CaCl_2$	0.14	0.28	0.58	0.70	0.84	1.12	1.40

实验二十八　氨茶碱对豚鼠组胺引喘的平喘作用

【实验目的】

观察药物对气管收缩剂的拮抗作用，掌握氨茶碱的平喘作用。

【实验原理】

支气管哮喘是以呼吸道炎症和呼吸道高反应性为特征的一种慢性气道炎症性疾病，其发病机制包括呼吸道炎症、支气管平滑肌痉挛性收缩、支气管黏膜充血水肿及呼吸道腺体分泌亢进等多个环节。凡能拮抗发病病因或缓解喘息症状的药物均有平喘作用。氨茶碱对气道平滑肌有较强的松弛作用，平喘作用机制有多个环节。

【实验材料】

①动物：体重为 150～250 g 的豚鼠 10 只，雌雄兼可。

②器材：药物喷雾装置和 1 mL 注射器。

③药品：生理盐水，0.4%磷酸组胺溶液，12.5%氨茶碱溶液，0.1%肾上腺素注射液和 1.25%异丙肾上腺素溶液。

【实验方法】

①动物筛选：将豚鼠放入约 4 L 的玻璃喷雾箱内，以 400 mmHg 的恒压喷入 0.4%磷酸组胺溶液 13 s 左右，密切观察豚鼠反应，如见抽搐跌倒，应立即将其取出，以免死亡，并记录引喘潜伏期(从喷雾开始到跌倒的时间)。正常豚鼠引喘潜伏期不超过 150 s，大于 150 s 认为不敏感，不予选用。

②次日取经过筛选的豚鼠 4 只，分别按每 100 克体重 0.1 mL 腹腔注射12.5%氨茶碱(即每千克体重 125 mg)、1.25%异丙肾上腺素(即每千克体重 12.5 mg)和 0.1%肾上腺素(即每千克体重 1 mg)，对照组腹腔注射同等剂量的生理盐水，30 min 后测其引喘潜伏期。

【实验结果】

实验结果记录于表 4-31 中。

表 4-31 腹腔注射不同药物后豚鼠的引喘潜伏期

编号	体重/g	药物	给药量/mL	引喘潜伏期/s
1		生理盐水		
2		异丙肾上腺素		
3		肾上腺素		
4		氨茶碱		

【注意事项】

各鼠每天只能测引喘潜伏期一次，如一天内测多次可能会影响实验结果。

【思考题】

异丙肾上腺素、肾上腺素和氨茶碱的平喘作用机理和临床适应证有什么不同?

第六节 泌尿系统药物实验

实验二十九 药物对家兔利尿作用的影响

【实验目的】

根据尿量的多少，了解利尿药呋塞米的利尿作用。

【实验原理】

尿液的生成过程受多种因素影响。本实验通过改变某些影响肾小球滤过或肾小管、集合管重吸收的因素，观察这些因素对尿量的影响。

【实验材料】

①动物：家兔 1 只，体重(2.5±0.5)kg。

②器材：兔手术台，哺乳动物手术器械一套，导尿管 1 根，注射器、静脉输液装置一套，记滴器，纱布，恒温浴锅。

③药品：3%戊巴比妥钠溶液，生理盐水，1%呋塞米任氏液。

【实验方法】

①麻醉：家兔用 3%戊巴比妥钠溶液(按每千克体重 1 mL)耳缘静脉注射麻醉后，下腹部剪毛。

②水负荷：麻醉后按每千克体重 50 mL 温水灌胃作为水负荷，或自股静脉插管，用 0.3 mL/(kg·min)的恒速静脉滴注任氏液，一般在 40～60 min 后，尿量可保持稳定。

③插管：动物仰卧位固定，选脐下正中作约 4 cm 长的皮肤切口，再沿腹白线剪

开腹壁及腹膜，将膀胱翻至体外。于膀胱底部找到两侧尿道，小心地在两侧尿道下方穿一棉线，结扎尿道（注意勿结扎两侧输尿管）。在膀胱顶部血管较少处做荷包缝合，中心做一小切口，插入导尿管（导尿管连接橡皮管，并预先注满温生理盐水，用止血钳夹紧），收缩缝线结扎固定。或直接用2把止血钳提起膀胱顶部，开一小口后插入导尿管，用止血钳固定导尿管并防止尿液从切口溢出。轻轻将膀胱纳入腹腔并用温生理盐水纱布覆盖手术部位。

④收集尿液：导尿管连接橡皮管，并预先注满温生理盐水，用止血钳夹紧，将两侧导管的尿液合并流入漏斗，漏斗下连接计滴器或量筒。松开止血钳，尿液经橡皮管滴出。

⑤记录正常尿量：记录每2 min的正常尿量，连续记录10 min。

⑥给药：按每千克体重4 mg耳缘静脉注射1%呋塞米（即每千克体重0.4 mL），分别记录给药后2 min、4 min、6 min、8 min、10 min、12 min、14 min、16 min、18和20 min的尿量（每2 min的尿量）。

【实验结果】

汇总全班实验结果，计算不同时间尿量填入表4-32中，并以尿液（mL）为纵坐标，给药后时间（min）为横坐标作图。

表4-32 不同时间尿量

组别	体重/kg	灌水量/mL	给药前20 min内尿量/mL	给药/mL	给药后20 min内尿量/mL

【注意事项】

①麻醉时注射速度要缓慢，随时观察角膜反射，反射消失即停止注射。

②作膀胱插管时，应避免将双侧输尿管结扎。

③兔重最好在2.0～3.0 kg，实验前多喂水和蔬菜。

④注意防止导管或橡皮管扭曲导致尿量不通畅。

【思考题】

①试分析尿液生成的主要环节，讨论各因素影响尿液生成的机理。

②试述各利尿药的作用机制及临床应用。

第七节　生殖系统药物实验

实验三十　子宫收缩药对离体子宫的影响

【实验目的】

掌握离体子宫的实验方法，并观察不同药物对离体子宫的收缩作用。

【实验原理】

子宫平滑肌兴奋药具有直接兴奋子宫平滑肌的作用，其作用因子宫生理状态及药物剂量的不同而不同，可分别引起子宫节律性收缩或强直性收缩。催产素能直接兴奋子宫平滑肌，增强子宫的收缩力，子宫平滑肌对催产素的敏感性与体内雌激素和孕激素的水平相关，雌激素可提高其敏感性。麦角新碱也能选择性兴奋子宫平滑肌，但其收缩子宫的作用比较强而持久，稍大剂量则引起子宫强直性收缩。垂体后叶素含催产素和加压素，能使子宫平滑肌产生与正常分娩相似的收缩。益母草为中草药，有效成分为一种生物碱，能增加子宫平滑肌收缩频率，并能提高其张力，作用较垂体后叶素弱。

【实验材料】

①动物：未孕雌性小鼠，体重18～22 g/只。

②器材：RM-6000型四道生理记录仪或BL-420生物信号采集系统，张力换能器，超级恒温水浴槽，通气沟，小弯钩，氧气球胆，小镊子，小剪刀，组织剪，培养皿，双凹夹和1 mL注射器。

③药物：洛氏液，0.1%苯甲酸雌二醇溶液，5 U/mL垂体后叶素，5 U/mL催产素，0.05%马来酸麦角新碱溶液和50%益母草煎剂。

【实验方法】

①取未孕雌性小鼠，于实验前24～48 h肌内注射0.1%苯甲酸雌二醇溶液0.7 mL/只，使动物处于动情前期或动情期。

②开机并启动BL-420生物信号采集系统，预热15 min。

③预先准备好通气、保温（30～32 ℃）和记录装置。

④离体子宫制备：小鼠颈椎脱臼致死，剖腹找到子宫，轻轻分离摘出，立即置于盛有洛氏液的培养皿中，轻轻剥离附着于子宫壁上的结缔组织和脂肪组织。将一侧子宫角的两端各挂一小弯钩悬挂于恒温水浴槽中，立即缓缓通入含95%氧气和5%二氧化碳的混合气体（6～7个气泡/s），连接记录装置，静候体系稳定20 min后，开始描记正常曲线。

⑤记录子宫正常收缩曲线 3 min。然后探究下列药物的作用。

A. 加入 0.05%马来酸麦角新碱溶液 1 滴(5 号针头),记录子宫收缩曲线。待作用明显后,用洛氏液冲洗 3 次,待标本稳定后继续加药。

B. 加入 5 U/mL 催产素注射液 0.1 mL 后,记录子宫收缩曲线,待作用明显后,用洛氏液冲洗 3 次,待标本稳定后继续加药。

C. 加入 50%益母草煎剂 1~2 mL。记录子宫收缩曲线,待作用明显后,用洛氏液冲洗 3 次,待标本稳定后继续加药。

D. 加入 5 U/mL 垂体后叶素 1 滴(5 号针头),记录子宫收缩曲线。

【实验结果】

记录子宫用药前后的收缩曲线并填写表 4-33。

表 4-33 药物对子宫收缩的影响

子宫收缩力	用药前	用药后			
		麦角新碱	催产素	益母草煎剂	垂体后叶素
张力/g					
频率/(次/min)					
幅度/g					
子宫活动力/(g·次/min)					

①张力:以各次收缩之间的最低点表示基础张力。

②强度:即收缩的幅度,以每次收缩所达到的最高点表示。

③频率:单位时间内收缩的次数。

④活动力:以强度与频率的乘积表示。

【注意事项】

①温度偏低时(30~32 ℃)标本能保持更长的工作寿命,温度偏高时(37~39 ℃)标本更为敏感,但工作寿命相对缩短。应根据实验需要考虑温度的选择。

②分离子宫时动作应轻柔,避免牵拉。操作时应尽量使标本处于洛氏液中。

③实验过程中应注意供氧和保温。每次换液后冲洗子宫标本 3 次,浴槽中洛氏液换液前后的体积应保持一致,15 mL 为宜。

④更换洛氏液的次数及 2 次加药的间隔时间应尽量保持一致。

【思考题】

①本实验中所用的药物对子宫平滑肌的收缩作用有什么区别?

②子宫收缩药物在兽医临床上有何应用?有什么注意事项?

③有资料表明,某些药用植物中的生物碱,如血根碱,某些霉菌毒素,如 T_2 毒

素，具有促进子宫平滑肌收缩的作用，请设计一实验证明。

第八节　激素类药物实验

实验三十一　糖皮质激素稳定红细胞膜的作用

【实验目的】

验证氢化可的松稳定红细胞膜的作用。

【实验原理】

糖皮质激素具有抗炎、抗免疫、抗毒素、抗休克和影响代谢等药理作用，主要原因是糖皮质激素具有稳定细胞膜及细胞器膜，尤其是溶酶体膜的作用。

【实验材料】

①器材：试管，试管架，注射器和滴管。

②药品：0.5％氢化可的松溶液，2％红细胞混悬液，0.01％皂苷溶液和生理盐水。

【实验方法】

取 3 支带刻度的试管，按表 4-34 中的剂量、时间和顺序分别依次加入药物。

表 4-34　糖皮质激素对红细胞膜的稳定作用

药物	试管编号		
	1＃	2＃	3＃
2％红细胞混悬液	1.0 mL	1.0 mL	1.0 mL
生理盐水	1.0 mL		0.5 mL
0.5％氢化可的松		0.5 mL	
		10 min 后	
0.01％皂苷		0.5 mL	0.5 mL
		10 min 后	
观察记录红细胞有无溶血			

【实验结果】

观察红细胞有无溶血，并将结果记录在表 4-34 中。

【思考题】

糖皮质激素对生物膜的保护作用的理论意义和临床意义是什么？

拓展知识 4-5

2%红细胞混悬液的制备

取兔血 5～10 mL，去纤维，分别放入刻度离心试管中，加 3～4 倍体积生理盐水洗涤，离心(3 000 r/min，10 min)，弃上清液，如此反复 3～4 次，直至上清液无色为止。取 1 mL 血细胞加生理盐水稀释至 50 mL 即可。

实验三十二 糖皮质激素对单核/巨噬细胞吞噬功能的影响

【实验目的】

观察糖皮质激素对单核/巨噬细胞吞噬功能的影响。

【实验原理】

吞噬实验常作为药物对机体非特异性免疫功能影响的重要指标。炭末为一种异物，静脉注射入血液后，可迅速被肝、脾血管内的巨噬细胞吞噬，从而将其从血液中除去，正常小鼠肝脏 Kuffer 细胞能吞噬约 90%炭末，脾脏巨噬细胞约吞噬 10%。静脉注射炭末，间隔一定时间取静脉血，测定血中炭末浓度，根据血流中炭末被清除的速度，反映单核/巨噬细胞的吞噬功能。

【实验材料】

①动物：小鼠，体重 18～22 g/只。

②器材：注射器，离心管，刻度吸管，采血管和分光光度计。

③药品：2.5%醋酸可的松溶液，炭末溶液(1.6%胶体碳溶液)，生理盐水，0.1%碳酸钠溶液，苦味酸和肝素。

【实验方法】

①取小鼠 6 只，用 3%～5%的苦味酸编号并随机分为两组，甲组腹腔注射 2.5%醋酸可的松溶液按每千克体重 50 mg，乙组注射等量生理盐水。

②30 min 后立即给小鼠尾静脉注射炭末溶液(每千克体重 10 mg)。

③注射炭末溶液后 1 min 和 9 min 分别采血 20 μL(用小镊子或针头行眼球后静脉丛穿刺，待血液流出后，用事先经肝素溶液湿润的采血管吸取)，立即将血液置于含有 2 mL 的 1%碳酸钠溶液的离心管中摇匀。1 000 r/min 离心 10 min，将上清液用吸管吸至比色杯中，在 721 型分光光度计 650 nm 波长处记录光密度值。

④采血后即可颈椎脱臼处死小鼠，取肝、脾，用滤纸吸干后称重，以便计算吞噬指数。

【实验结果】

①炭末吞噬指数的计算：在一定范围内，炭末的清除速率与其剂量呈指数函数

关系，即吞噬速率与血浆炭末浓度的对数成正比，而与已吞噬的炭末成反比，即：

$$K=\lg[(OD_1-OD_2)/(t_1-t_2)]$$

式中，K 为吞噬速率；OD_1、OD_2 为 2 次血样的光密度值；t_1 和 t_2 为两次采血时间。

K 值的大小除与吞噬细胞的吞噬活性有关外，也与小鼠肝、脾重量有关。因此，K 值需经下列公式校正：

$$\alpha=K\times W/W_{L.S}$$

式中，α 为校正后的吞噬指数；W 为小鼠体重；$W_{L.S}$ 为肝、脾重量。α 值反映小鼠单核/吞噬细胞系统吞噬清除炭末的功能。

②差异的显著性测验：根据 α 值设计表格，将全部结果进行统计学处理，比较给药组和对照组差异的显著性。

【注意事项】

①注入炭末的量应适宜。若剂量过大，肝实质细胞也可摄取若干炭末，若剂量过小，实际测得的是肝血流量而不是吞噬功能。

②在尾静脉注射药物前，可先将小鼠尾巴用 50 ℃温水浸泡，使局部血管扩张，便于注射。注射器抽取炭末溶液后应将气泡排尽。

③采血速度要快，以防凝血，若发生凝血，应重新采血并记录时间，按实际时间间隔进行计算。采血时动作要温和，避免挤压损伤内脏器官。

【思考题】

糖皮质激素对单核/巨噬细胞的吞噬功能有什么影响？有什么临床意义？

实验三十三　糖皮质激素对毛细血管通透性的影响

【实验目的】

观察糖皮质激素对毛细血管通透性的影响，说明其抗炎作用。

【实验原理】

糖皮质激素具有抗炎、抗免疫、抗休克和抗毒素等作用。通过在动物背部或腹部皮肤、耳郭或腹腔内造成局部炎症，然后静脉注射伊文思蓝溶液，观察该部位在糖皮质激素的作用下，染料渗出被抑制情况，以观察其抗炎作用。

【实验材料】

①动物：小鼠 2 只，体重 18～22 g/只，雌雄不限。

②器材：鼠笼和 1 mL 注射器。

③药品：注射用生理盐水，0.5%氢化可的松溶液，1%伊文思蓝溶液（用注射用生理盐水配制）和二甲苯。

【实验方法】

取小鼠 2 只，称重标记，一只小鼠颈背部皮下注射 0.5%氢化可的松溶液（每 10 克体重 0.1 mL），另一只小鼠注射等量生理盐水。30 min 后分别腹腔注射 1% 伊文思蓝溶液（每 10 克体重 0.1 mL），并于 2 只小鼠耳朵上分别滴 2 滴二甲苯（去脂致炎，使耳血管透明易见）。此后每隔 10 min 观察 2 只小鼠耳郭颜色有何不同。

【实验结果】

待作用明显后将结果记录并填于表 4-35 中。

表 4-35 氢化可的松对毛细血管通透性的影响

鼠号	体重/g	药物	剂量/mL	耳郭变化		
				10/min	20/min	30/min
1		氢化可的松				
2		生理盐水				

【注意事项】

①尽量选用体重相近的小鼠，以减少误差。

②滴二甲苯时量不能太大，以免小鼠用爪抓耳部而引起足部肿胀。

③滴二甲苯的量尽量一致。

【思考题】

通过对伊文思蓝染色面积（或耳郭变化）的影响，分析糖皮质激素的作用机制。

实验三十四　地塞米松的抗过敏性休克作用

【实验目的】

通过实验，观察地塞米松的抗过敏性休克作用。

【实验原理】

鸡卵蛋白对豚鼠是一种异体蛋白，可作为抗原刺激豚鼠机体产生相应的抗体，当这一异体蛋白再次进入豚鼠机体时，就发生抗原-抗体反应，导致过敏性休克发生。地塞米松属于糖皮质激素类药物，对于体液免疫和细胞免疫的多个环节都有抑制作用，具有显著的抗过敏性休克作用。地塞米松还具有抗炎、抗毒素作用，也用于其他休克的治疗。本实验先用鸡卵蛋白使豚鼠致敏，然后在地塞米松保护下，观察二次抗原攻击能否引起过敏性休克发生。

【实验材料】

①动物：豚鼠，体重 200～300 g/只。

②器材：钟罩，恒压喷雾装置，注射器(1 mL、5 mL)，针头(6 号)和计时器。

③药物：10％卵蛋白生理盐水，生理盐水，0.5％地塞米松磷酸钠注射液。

【实验方法】

①致敏：豚鼠 2 只，称重标记。用 10％卵蛋白生理盐水，对 2 只豚鼠分别腹腔注射 2 mL 与皮下注射 1 mL，3 周后可供实验。

②给药：1 号豚鼠腹腔注射 0.5％地塞米松磷酸钠注射液(每千克体重 0.6 mL)，2 号豚鼠腹腔注射生理盐水(每千克体重 0.6 mL)。观察 1.5 h，记录呼吸及活动等有无变化。

③二次攻击：将两只豚鼠同时置于密闭的钟罩内，用恒压(53.2 kPa)喷雾 10％卵蛋白生理盐水 1 min，密切观察和记录动物呼吸、活动的变化及其发生时间。

④过敏性休克分级：Ⅰ级为呼吸困难；Ⅱ级为呼吸困难、咳嗽；Ⅲ级为呼吸困难、咳嗽、跌倒；Ⅳ级为呼吸困难、咳嗽、跌倒、死亡。

【实验结果】

实验结果记录于表 4-36 中。

表 4-36　地塞米松抗过敏性休克的实验结果

致敏豚鼠编号	预处理药物	二次抗原攻击	
		休克潜伏期/min	休克表现
1			
2			

【注意事项】

①10％卵蛋白生理盐水制备：新鲜鸡蛋 1 个，敲碎后用注射器吸取蛋清 5 mL，置入一量杯中，然后加入生理盐水 45 mL，玻璃棒搅拌均匀即得，用于实验前 3 周致敏豚鼠。

②抗原攻击所用 10％卵蛋白生理盐水应当日配制，而且喷雾颗粒越细越好。如果抗原攻击后 30 min 未发生休克，一般不会再发生。如果抗原攻击采用 10％卵蛋白生理盐水 2 mL/只腹腔注射，休克出现较慢，一般在注射后 2 h 发生。

③休克潜伏期是指从二次抗原攻击到休克开始发生的一段时间。

【思考题】

地塞米松防治过敏性休克及其他休克的作用机制是什么？

拓展知识 4-6

HPLC 法检查黄芪多糖注射液中非法添加地塞米松磷酸钠(中华人民共和国农业部公告第 2448 号)

中华人民共和国农业部为加强兽药监管,根据《兽药管理条例》规定,组织制定了《兽药制剂中非法添加磺胺类药物检查方法》等 3 项检查方法标准,修订了阿莫西林可溶性粉中非法添加解热镇痛类药物检查方法等 31 个检查方法标准。其中"黄芪多糖注射液中非法添加地塞米松磷酸钠的检查方法",其要点如下:

色谱条件:色谱柱 Thermo BDS HYPERSIL C18,5 μm,4.6 mm×150 mm;流动相为三乙胺溶液(取三乙胺 7.5 mL,加水稀释至 1 000 mL,用磷酸调节 pH 至 3.0±0.05)-甲醇-乙腈(55:40:5);柱温 30 ℃;进样量 10 μL。

地塞米松磷酸钠对照品溶液配制:精密称定地塞米松磷酸钠对照品 10 mg,置 100 mL 量瓶中,加流动相适量,超声溶解并稀释至刻度,摇匀,得 100 μg/mL 对照品溶液;分别用流动相稀释成浓度为 50、20、10、5、2、1、0.5、0.2 和 0.1 μg/mL 的系列对照品溶液。

本法检测地塞米松磷酸钠的定量限为 0.1 mg/mL。

上述方法要点来源:顾明芬,陈小秋.黄芪多糖注射液中非法添加地塞米松磷酸钠的检查方法研究.中国兽药杂志.2014,48(6):28-31.

实验三十五　溶酶体酶活性的测定

【实验目的】

了解溶酶体酶在炎症反应中的作用。

【实验原理】

多形核白细胞是富含溶酶体酶的细胞,在致炎因子如细菌内毒素等的刺激下发生趋化、聚集和吞噬时,被激活的白细胞可释放溶酶体酶并损伤组织,在炎症中起致病的作用。通过测定溶酶体酶所含的某些特征性酶(如 β-葡萄糖醛酸酶),可以了解受试物对溶酶体稳定性的影响。

【实验材料】

①动物:大鼠 1 只,体重 200～300 g,雌雄不限。

②器材:离心机,显微镜,水浴箱和分光光度计。

③药品:酚-葡萄糖醛酸钠(又称苯酚-β-D-葡萄糖醛酸钠,Phenolphthalein-β-D-glucuronide Sodium Salt),细菌内毒素(Endotoxin),1%糖原生理盐水溶液(取糖原 1 g,用生理盐水溶解并稀释至 100ml),醋酸钠缓冲液(pH4.5)。

【实验方法】

①将1%糖原生理盐水溶液20 mL注入200～300 g大鼠腹腔内，4 h后从腹腔吸取渗出液，并以等量的PBS溶液（pH7.4，含肝素10～20 U/mL）稀释，1 000 r/min离心5 min。取沉淀细胞，用PBS洗2次，最后加PBS溶液至原体积，通过计数，配制成10^7/mL的中性粒细胞悬液（用台盼蓝染色，95%为活细胞，涂片镜检93%为中性粒细胞），备用。

②中性粒细胞体外温育与β-葡萄糖醛酸酶释放。

A. 反应管：将中性粒细胞悬液1 mL、作用液（内毒素与动物血清的混合物，一般配制的内毒素浓度为0.2～0.8 mg/mL）0.3～0.6 mL，分别加入试管内，并以PBS溶液补至总体积2.5 mL，置试管于37 ℃水浴60 min，取出置冰浴终止反应。2 000 r/min离心10 min，取上清液（反应管上清液）待测β-葡萄糖醛酸酶。

B. 对照管：只加中性粒细胞悬液1 mL，并以PBS溶液补至总体积2.5 mL，置试管于37 ℃水浴60 min，取出置冰浴终止反应。2 000 r/min离心10 min，取上清液（对照管上清液）待测β-葡萄糖醛酸酶。

③酶活性测定。

A. 反应管：取试管1支，加入0.2 mol/L醋酸钠缓冲液（pH4.5）0.8 mL、0.01 mol/L酚-葡萄糖醛酸钠溶液0.1 mL及反应管上清液0.1 mL。

B. 对照管：取试管1支，加入0.2 mol/L醋酸缓冲液（pH4.5）0.8 mL、0.01 mol/L酚-葡萄糖醛酸钠溶液0.1 mL及对照管上清液0.1 mL。

C. 标准管：取试管1支，加入0.01 mol/L酚-葡萄糖醛酸钠0.1 mL，并以0.2 mol/L醋酸钠缓冲液（pH4.5）补至总体积1.0 mL。

D. 将以上各管轻摇后置37 ℃水浴箱中温育16 h，加入1 mol/L的氢氧化钠0.2 mL终止反应，溶液呈红色。用分光光度计于550 nm波长处比色，酶活性以10^7/mL中性粒细胞每小时产生的酚（μg）表示。

【实验结果】

比较各管吸光度，计算酶活力。

【注意事项】

①内毒素配制浓度为0.2～0.8 mg/mL。

②在体外温育白细胞时，可在反应管中加入不同浓度的受试物，根据酶反应活性，可相应测知药物活性。

【思考题】

①溶酶体酶在机体中主要发挥什么作用？溶酶体酶与哪些疾病有关？

②哪些药物通过对溶酶体的作用发挥治疗作用？

实验三十六　白细胞糖皮质激素受体的测定

【实验目的】

了解糖皮质激素受体与炎症的关系。

【实验原理】

肾上腺糖皮质激素是存在于机体内的具有广泛生物活性的重要甾体激素，其作用通过特异性受体——糖皮质激素受体介导。目前研究提示，在某些炎性疾病，尤其是慢性免疫性疾病时，皮质激素受体发生明显的动态变化。

【实验材料】

①器材：闪烁瓶，恒温水浴锅和闪烁仪。

②药品：[1,2,4^{3}H] Dex 稀释成 370 kBq/mL，Dex，甲苯闪烁液，溶红细胞缓冲液，0.155 mmol/L 氯化钠溶液，10 mmol/L 磷酸二氢钾溶液，10 mmol/L 磷酸氢二钾溶液和 0.1 mmol/L EDTA 溶液。

【实验方法】

①分离白细胞：取静脉血，肝素抗凝(10～12 U/mL)，250 r/min 离心 15 min，可见 3 层结构。弃去上层血浆，小心吸取中层白细胞，置另一试管内，加入 8 mL 溶红细胞缓冲液，置 34 ℃水浴 15 min，600 r/min 离心 3 min，用 PBS 洗 2 次，即可得纯度为 95%、成活率在 95%左右的白细胞。

②白细胞[^{3}H]Dex 特异结合的测定：为了除去内源性激素对测定结果的影响，将分离好的白细胞悬液置 37 ℃水浴中，保温 10 min，用 PBS 冲洗后，再用 Hank's 液调成 4×10^{6} 细胞/0.5 mL 悬液。将细胞悬液注入小闪烁瓶内，每瓶 0.5 mL，加入一定量的[^{3}H]Dex 作为总结合瓶(作 Scatchard 图时于 2～20 mol/L 间作 6～7 个浓度)。另一瓶加入等量[^{3}H]Dex 和大于[^{3}H]Dex 2 000 倍浓度的 Dex 作为竞争剂，为非特异结合管。于 21 ℃温浴 3 h，然后将小闪烁瓶迅速置于冰水中，并加 3 mL 冷 PBS 终止反应，600 r/min 离心 3 min。将上清液倒入废液瓶中。沉渣用涡旋混合器混匀，重复用冷 PBS 冲洗 2 次，每瓶加入无水甲酸 2 滴，100 ℃煮沸 5 min，待细胞消化后，每瓶加入闪烁液 2.5 mL，用液闪计数仪计数，总结合 cpm 数减去非特异结合 cpm 数即得特异结合数 cpm。(cpm 为 counts per minute，每分钟计数次数。)

【实验结果】

比较各管的结合率。

【注意事项】

①细胞浓度在(8×10^{6}个)/mL 时，[^{3}H]Dex 特异性结合最佳，浓度太高或太

低将影响测定结果，尤以过低时影响更甚。

②计数时用外参比法校正。

【思考题】

放射受体分析法有何应用前景？

实验三十七　苯海拉明的抗组胺作用

【实验目的】

通过实验，观察苯海拉明的抗组胺作用。

【实验原理】

组胺为速发型变态反应的重要介质。给豚鼠注射少量的组胺，可发生支气管平滑肌强烈收缩等病理变化，引起呼吸困难、窒息等过敏症状。如果预先注射苯海拉明，则可保护豚鼠耐受数十倍至数千倍的组胺而不发生严重的过敏反应，表明苯海拉明有抗组胺作用。

【实验材料】

①动物：豚鼠 2 只，300～400 g/只。

②器材：台式磅秤，鼠笼，注射器和针头(6 号)。

③药品：1%磷酸组胺溶液，1%盐酸苯海拉明溶液和生理盐水。

【实验方法】

①豚鼠 2 只，称重标记。观察并记录正常呼吸及活动等情况。随后 1 号豚鼠腹腔注射 1%苯海拉明溶液(每 100 克体重 0.1 mL)；2 号豚鼠腹腔注射生理盐水(每 100 克体重 0.1 mL)。

②30 min 后 1 号与 2 号豚鼠分别腹腔注射 1%磷酸组胺溶液(每 100 克体重 0.2 mL)。随后密切观察动物变化，并按组胺过敏反应标准进行记录。

组胺过敏反应分级标准：Ⅰ级表现为瘙痒、舔肢体、咳嗽、喷嚏；Ⅱ级表现为呼吸困难、排便、排尿；Ⅲ级表现为张口呼吸、哮喘；Ⅳ级表现为站立不稳、窒息、死亡。

【实验结果】

实验结果记录于表 4-37 中。

表 4-37　苯海拉明抗组胺作用的实验结果

豚鼠号	预处理药物	注射组胺后反应
1		
2		

【注意事项】

①实验前,应观察并记录正常呼吸及活动等情况,一切正常,方能进行实验。

②注射生理盐水及苯海拉明后,应观察 30 min,然后才能注射组胺溶液。

【思考题】

根据实验结果阐明组胺的作用及作用机制,苯海拉明抗组胺的作用机制及用途。

实验三十八 吲哚美辛对小鼠巴豆油耳肿胀的影响

【实验目的】

掌握抗炎实验最基本的方法。

【实验原理】

由于吲哚美辛对前列腺素合成酶具有强大的抑制作用,能够显著抑制前列腺素的合成和释放,故对多种因素引起的非特异性炎症均有良好的抑制作用。

【实验材料】

①动物:小鼠 4 只,体重 18～22 g/只,雌雄不限。

②器材:8 mm 打孔器和扭力天平。

③药品:0.5%吲哚美辛溶液,1%羧甲基纤维素(CMC)混悬液和 2%巴豆油合剂(由 2%巴豆油、20%无水乙醇、73%乙醚和 5%蒸馏水混合而成)。

【实验方法】

①取小鼠 4 只,称重,随机分为 2 组。甲组腹腔注射 0.5%吲哚美辛溶液(按每 10 克体重 0.5 mg),乙组按每 10 克体重 0.1 mL 注射 1%CMC 混悬液。

②0.5 h 后,2 组小鼠右耳郭两侧用微量进样器均匀涂布 2%巴豆油合剂 0.05 mL 致炎,左耳郭做对照。

③致炎后 30 min,将小鼠处死,沿耳郭基线取下两耳,用打孔器于同一部位各取一个耳片称重。致炎侧耳片重量减去对照侧耳片重量即为肿胀度。

【实验结果】

根据要求,汇集各组结果进行统计处理。

【注意事项】

①环境温度不宜低于 15 ℃,如果用二甲苯致炎,环境温度应更高些。

②取材力求部位一致。

③打孔器应锋利。

【思考题】

①抗炎药分为哪两大类?

②吲哚美辛的作用特点有哪些?

实验三十九　吲哚美辛对角叉菜胶诱发大鼠足肿胀的影响

【实验目的】

学习大鼠足跖肿胀常用的测定方法。

【实验原理】

局部应用角叉菜胶引起的炎症，前列腺素合成明显增加，并与血管活性胺类和激肽类一起诱发水肿。吲哚美辛对以前列腺素为主要介质介导的炎性反应有良好的抑制作用。

【实验材料】

①动物：大鼠 4 只，体重 120～150 g/只，雄性。

②器材：外径千分尺。

③药品：0.2%吲哚美辛溶液（用 1%CMC 混悬液配制）和 1%角叉菜胶溶液（用无菌生理盐水配制，冰箱过夜）。

【实验方法】

①取大鼠 4 只，随机分为用药组与对照组，用药组大鼠腹腔注射 0.2%吲哚美辛溶液（每千克体重 20 mg），对照组注射等量的 1% CMC。

②30 min 后，用外径千分尺测量大鼠右后足跖的厚度，然后皮下注射 1%角叉菜胶溶液 0.1 mL 致炎。

③于致炎后 30、60、120、180 和 240 min 分别测定致炎足跖的厚度。

【实验结果】

以致炎后减去致炎前足跖厚度为肿胀度，然后计算在某一时间的肿胀度均值与标准差，进行统计检验。以时间为横坐标，肿胀度为纵坐标，画出时程反应图。

【注意事项】

①1%角叉菜胶溶液需在临用前一天配制，置 4 ℃冰箱内贮存。

②测定足跖厚度的部位要一致，千分尺使用要一致。

③体重 120～150 g 的大鼠对致炎剂最敏感，肿胀度高，差异性小。

【思考题】

①试讨论吲哚美辛与氢化可的松抗炎作用的区别。

②实验操作中应注意哪些问题？

③角叉菜胶诱发的水肿有双相过程，请叙述各相主要释放何物质。

拓展知识 4-7

HPLC 法检查甘草颗粒中非法添加吲哚美辛（中华人民共和国农业部公告 第 2448 号）

中华人民共和国农业部为加强兽药监管，根据《兽药管理条例》规定，组织制定了《兽药制剂中非法添加磺胺类药物检查方法》等 3 项检查方法标准，修订了阿莫西林可溶性粉中非法添加解热镇痛类药物检查方法等 31 项检查方法标准。其中“甘草颗粒中非法添加吲哚美辛的检查方法”。其要点如下：

色谱条件：色谱柱为 MG C_{18}（4.6 mm×250 mm，5 μm），流动相为乙腈-0.1 mol /L 冰醋酸溶液（50：50），流速为 1.0 mL/min，柱温为 25 ℃，进样量为 10 μL，二极管阵列检测器（PDA），检测波长为 317 nm。

甘草颗粒样品溶液制备：取甘草颗粒 1.0 g，置具塞锥形瓶中，加甲醇 100 mL，超声处理 15 min，静置，滤过，取滤液 5 mL 置刻度管中，加甲醇至 10 mL，摇匀，滤过。

吲哚美辛对照品储备液制备：取吲哚美辛对照品 25 mg，精密称定，置 25 mL 量瓶中，加甲醇溶解并稀释至刻度，摇匀，置 4 ℃冰箱保存。

本法定量限按每千克体重 1 g。

上述方法要点来源：王静文，龚旭昊，范强，万仁玲. 三种呼吸系统兽药制剂中非法添加盐酸溴己新、吲哚美辛的 HPLC-PDA 检测方法的建立. 中国兽药杂志. 2016，50(12)：45-50.

第九节 抗微生物药物实验

实验四十 纸片法、杯碟法对抗菌药物的抗菌作用比较

【实验目的】

了解抗菌药物的体外抗菌活性；掌握药敏实验的一般方法。

【实验原理】

采用平板扩散法进行药敏实验时，药物的抗菌活性越强，则抑菌圈越大，即细菌对该药物的敏感度越高，如无抑菌圈，则说明药物无抗菌活性，因此可通过抑菌圈直径大小比较不同药物的抗菌作用。

【实验材料】

①菌株：金黄色葡萄球菌，大肠埃希菌，铜绿假单胞菌（绿脓杆菌）和痢疾杆菌。

②器材：灭菌棉签或接种环，无菌小镊子，测量尺，玻璃铅笔，无菌平皿，无菌试

管，无菌吸管，微量移液器，恒温箱，牛津杯和超净工作台。

③药品：恩诺沙星，庆大霉素，黏菌素 E，土霉素和青霉素药敏纸片，80 μg/mL 恩诺沙星溶液，50 μg/mL 庆大霉素溶液，50 μg/mL 黏菌素 E 溶液，50 μg/mL 土霉素溶液和 50 μg/mL 青霉素溶液，MH 琼脂培养基。

【实验方法】

①各项操作均在超净工作台中进行。取预先制备好的 MH 琼脂培养基平板，以无菌小棉签（或接种环）蘸取金黄色葡萄球菌液（1 mL 菌液约含 3 亿个细菌），在管壁上旋转几周挤去多余的接种液后在平板上划线接种，确保接种液均匀分布。用同样的方法，制备大肠埃希菌、铜绿假单胞菌和痢疾杆菌琼脂平板。每种菌制备 3 个重复平板，用玻璃铅笔或油性记号笔做好标记。

②用无菌小镊子分别取恩诺沙星、庆大霉素、黏菌素 E、青霉素及土霉素药敏纸片各 1 张轻轻均匀放置于平皿菌层上，盖好皿盖。或取 5 个灭菌牛津杯均匀置于平皿菌层上，轻轻加压，使其与琼脂培养基充分接触，往牛津杯中注入一定量的药液，注意勿使其外溢，盖好皿盖。将平皿置于 37 ℃恒温培养箱中孵育 24 h。

③孵育 24 h 后的细菌培养皿取出，观察有无抑菌圈，测量皿中各药物纸片（或牛津杯）周围抑菌圈的直径，做好记录并计算出各药抑菌圈直径的平均值。比较各抗菌药抑菌圈直径的平均值，即可比较出各抗菌药对金黄色葡萄球菌、大肠埃希菌、铜绿假单胞菌以及痢疾杆菌的体外抗菌作用。

【实验结果】

实验结果记录于表 4-38 中。

表 4-38　不同抗菌药对各种微生物的抑菌圈　mm

药物	抑菌圈平均直径			
	金黄色葡萄球菌	大肠埃希菌	铜绿假单胞菌	痢疾杆菌
恩诺沙星				
青霉素				
庆大霉素				
黏菌素 E				
土霉素				

【注意事项】

①整个实验过程应在无菌室内超净工作台中进行无菌操作、测量抑菌圈时要仔细准确并及时做好记录。

②药敏实验用的琼脂平板的厚度一般为 2～3 mm，厚度过高或过低都会影响

菌圈的直径。

③药物敏感实验结果判断标准：抑菌圈直径小于 10 mm 为耐药，等于 10 mm 为轻度敏感，在 11～15 mm 为中度敏感，大于 16 mm 为高度敏感。

④实验用的各个药物纸片价廉、易购，为临床检验所常用。如欲自制可参考临床检验专著。

【思考题】

①简述喹诺酮类抗菌药的抗菌机制、主要用途及不良反应。

②简述青霉素的抗菌作用机制、主要用途及主要不良反应。

③简述土霉素的抗菌作用机制、主要用途及主要不良反应。

④简述黏菌素 E 的抗菌作用机制、主要用途及主要不良反应。

⑤某猪场发生了大肠埃希菌性腹泻，目前该猪场有环丙沙星注射液、庆大霉素注射液、土霉素注射液及氟苯尼考注射液，请设计一个实验作为选药的依据。

拓展知识 4-8

MH 培养基及 MH 培养基琼脂平板的制备法

近年来，MH(Mueller-Hinton)培养基为各种体外实验所广泛采用，其组成如下：

牛肉粉	2.0 g
水解酪蛋白	17.5 g
可溶性淀粉	1.5 g

蒸馏水加至 1 000 mL，pH 调至 7.4±0.2。

若加入琼脂 17 g，则为 MH 琼脂平板培养基。按上述配比称取各试剂于烧杯内，加入蒸馏水加热溶解，调整 pH，使其高压灭菌后的 pH 为 7.4，加蒸馏水至所需体积，放于三角烧瓶内，用棉塞塞好，以 15～20 lb 高压灭菌 20 min 后趁热倒入预先灭菌过的培养皿内，平放冷却，即为 MH 培养基琼脂平板。

实验四十一　硫酸链霉素的急性中毒及解救

【实验目的】

观察并了解硫酸链霉素对小鼠神经肌肉接头阻断作用以及葡萄糖酸钙对其毒性产生的拮抗作用。

【实验原理】

硫酸链霉素属于氨基糖苷类抗生素，而氨基糖苷类抗生素用量过大对神经肌肉接头有阻断作用，表现为急性肌肉松弛和呼吸麻痹，严重者因呼吸抑制而导致死亡，使用钙剂可拮抗此毒性反应。

【实验材料】

①动物：小鼠，体重 18～22 g/只。

②器材：鼠笼，电子秤，1.0 mL 注射器和 6 号针头。

③药品：4%硫酸链霉素溶液，2.5%葡萄糖酸钙溶液和注射用生理盐水。

【实验方法】

①取健康小鼠 2 只，分别称重并标记。观察小鼠正常活动状况。

②给药及观察药物反应：1 号小鼠腹腔注射生理盐水（每 10 克体重 0.1 mL），2 号小鼠腹腔注射 2.5%葡萄糖酸钙（每 10 克体重 0.1 mL）。10 min 后分别给 2 只小鼠腹腔注射 4%硫酸链霉素（每 10 克体重 0.1 mL）。再次观察小鼠活动情况、呼吸及肌张力变化。对链霉素反应敏感的小鼠，立即再腹腔注射 2.5%葡萄糖酸钙溶液（每 10 克体重 0.1 mL），继续观察小鼠的症状变化。

【实验结果】

实验结果记录于表 4-39 中。

表 4-39 给药后小鼠的反应

鼠号	体重/g	预处理药物	注射链霉素反应	注射葡萄糖酸钙反应
1				
2				

【注意事项】

①当链霉素中毒时，葡萄糖酸钙给药一次疗效不明显，可追加适当剂量，直到疗效明显为止。

②本实验可采用家兔，给药量均为按每千克体重 2.4 mL，给药方法：4%硫酸链霉素溶液需采用肌内注射，而 2.5%葡萄糖酸钙溶液既可以采用耳缘静脉注射，也可以肌内注射。链霉素肌内注射需 10 min 后才会出现毒性反应，且逐渐加重。

【思考题】

①链霉素急性中毒时有哪些临床表现？应如何解救？

②氨基糖苷类抗生素特征有哪些？使用时注意哪些问题？

实验四十二 青霉素G钾盐和钠盐快速静脉注射的毒性比较

【实验目的】

比较青霉素 G 钾盐和钠盐给小鼠快速静脉注射的毒性,并掌握小鼠尾静脉注射技术要领。

【实验原理】

青霉素是一种有机酸,性质稳定,难溶于水。其钾盐或钠盐为白色结晶性粉末;无臭或微有特异性臭;有引湿性;遇酸、碱或强氧化剂等迅速失效,水溶液在室温放置易失效。在水中极易溶解,乙醇中溶解,青霉素吸收进入血液循环后,在体内不易代谢,主要以原形从尿中排出,肌内注射治疗剂量的青霉素 G 钾盐和钠盐的水溶液后通常在尿中可回收到给药剂量的 60%～90%,给药后 1 h 内从尿中排出绝大部分药物。

【实验材料】

①动物:小鼠,体重 18～22 g/只。

②器材:小鼠固定筒,注射器(0.25 mL),4 或 5 号针头。

③药品:青霉素 G 钾盐和钠盐 10 万 U/mL。

【实验方法】

取体重 18～22 g 小鼠 2 只,称重后一只尾静脉快速注入青霉素 G 钠盐(每千克体重 85 万 U),另一只小鼠尾静脉快速注入青霉素 G 钾盐(每千克体重 85 万 U),注射后随即观察。记录 2 只小鼠各有何变化。

【实验结果】

实验结果记录于表 4-40 中。

表 4-40 快速尾静脉给药后小鼠的反应

鼠号	青霉素 G 钠盐/万 U	注射青霉素 G 钾盐/万 U	反应变化
1			
2			

【注意事项】

①给药剂量要准确,并控制给药速度,要求在 2 s 内注射完。

②掌握好尾静脉注射要领。

【思考题】

青霉素 G 钠盐和钾盐快速静脉注射其作用为什么不同?临床应用要注意什么?

实验四十三 平皿稀释法测定抗菌药物的体外抗菌活性

【实验目的】

了解抗菌药物的体外抑菌作用，并观察药物不同浓度对抗菌作用的影响，进一步了解平皿稀释法的操作过程和实验结果的判断。

【实验原理】

在平板抑菌实验中，药物对细菌抗菌活性越强，则抑菌圈越大，即细菌对该药物的敏感度越高；反之，则抑菌圈越小，即细菌对该药的敏感度越低；药物对细菌无作用者，则在细菌平板上无抑菌圈出现。这样，通过测量药物对细菌琼脂平板的抑菌圈直径大小，即可比较出各药的体外抗菌作用。平皿稀释法是将不同量的抗菌药物，加入溶化并冷却至 50 ℃左右的 LB 琼脂培养基中，制成含不同浓度抗菌药物的平板，接种待测菌观察细菌的生长状况。

【实验材料】

①菌种：金黄色葡萄球菌或大肠埃希菌。

②器材：镊子，酒精灯，玻璃铅笔，吸管，游标卡尺，试管，试管架，灭菌平皿，微量移液器，恒温箱和试纸。

③试剂：达氟沙星、恩诺沙星和环丙沙星，3 种药液浓度均为 80 μg/mL，生理盐水，LB 琼脂培养基。

【实验方法】

①纸片法。将灭菌平皿底面向上，在底面上划 3 条放射线，均分为 6 等份，标上 1～6 号。用无菌吸管定量吸取实验菌液 0.1 mL 加入 100 mL 且保温于 45 ℃的 LB 琼脂培养基中，摇匀，倾注于无菌平皿中，待其冷凝后，备用。用无菌生理盐水将药物倍比稀释，备用。用镊子取无菌滤纸片，分别蘸取不同浓度药液，然后按划好的位置贴在含菌平板上。将培养皿置 37 ℃培养箱中培养，24 h 后观察结果。用游标卡尺测定每张滤纸片抑菌圈直径(mm)并做好记录，比较几种喹诺酮类药物的作用强弱。

②平皿二倍稀释法。将培养 12 h 的菌液进行稀释(1∶100)，摇匀备用。将药物按倍比稀释的方法用无菌生理盐水稀释为 1∶1、1∶2、1∶4 和 1∶8 等浓度。将不同浓度药物加入无菌平皿中(2 mL/皿)，然后将冷至 50 ℃左右的 LB 琼脂培养基加入(18 mL/皿)，摇匀，最终浓度为 1∶10、1∶20、1∶40 和 1∶80 等，待凝，备用。用微量移液器吸取各菌液 2 μL 加到平板上，涂匀放置 20 min 后，于 37 ℃培养箱中培养 18～24 h，取出观察结果，记录不长菌的最高稀释度作为 MIC 值。

【实验结果】

实验结果记录于表 4-41 至表 4-46 中。

表 4-41 纸片法测定达氟沙星抑菌圈直径

项目	纸片号码					
	1	2	3	4	5	6
达氟沙星浓度/(μg/mL)						
抑菌圈直径/mm						

表 4-42 平皿二倍稀释法测定达氟沙星最小抑菌浓度

项目	药物稀释比例					
	1∶10	1∶20	1∶40	1∶80	1∶160	1∶320
达氟沙星浓度/(μg/mL)						
有无细菌生长						

表 4-43 纸片法测定恩诺沙星最小抑菌圈直径

项目	纸片号码					
	1	2	3	4	5	6
恩诺沙星浓度/(μg/mL)						
抑菌圈直径/mm						

表 4-44 平皿二倍稀释法测定恩诺沙星最小抑菌浓度

项目	药物稀释比例					
	1∶10	1∶20	1∶40	1∶80	1∶160	1∶320
恩诺沙星浓度/(μg/mL)						
有无细菌生长						

表 4-45 纸片法测定环丙沙星最小抑菌圈直径

项目	纸片号码					
	1	2	3	4	5	6
环丙沙星浓度/(μg/mL)						
抑菌圈直径/mm						

表 4-46　平皿二倍稀释法测定环丙沙星最小抑菌浓度

项目	药物稀释比例					
	1∶10	1∶20	1∶40	1∶80	1∶160	1∶320
环丙沙星浓度/(μg/mL)						
有无细菌生长						

【注意事项】

①当 LB 琼脂培养基加入平皿后，必须充分摇匀，速度要快，否则会凝固，造成药物分散不均匀。

②实验中使用的必须是对数生长期的菌液。

③实验必须要有对照组。

【思考题】

①比较达氟沙星、恩诺沙星及环丙沙星体外抗菌活性，哪个药物效果更好？

实验四十四　恩诺沙星对小鼠体内感染的保护性实验

【实验目的】

了解病原菌感染小鼠过程，以及对细菌性疾病进行治疗的基本过程，掌握药效学体内药物测定的基本方法，并观察喹诺酮类药物恩诺沙星对不同病原菌感染小鼠的治疗效果及 ED_{50} 的测定。

【实验原理】

体内抗菌实验法是在体外抑菌实验的基础上采用感染致病菌的动物模型（即模拟临床细菌感染疾病）进行抗菌药物实验治疗或预防，进而对抗菌药的药效做出定量的评价，主要以半数有效量（ED_{50}）或半数保护量表示。

【实验材料】

①动物：体重为 18～22 g 的小鼠 30 只，雌雄各半。

②器材：注射器（1 mL），天平，鼠笼，小试管和试管架。

③菌种和试剂：大肠埃希菌液，金黄色葡萄球菌液，苦味酸，恩诺沙星（按每千克体重 3 mg），2.5％碘酊，70％乙醇，5％胃膜素悬液，5％碳酸溶液，生理盐水，消毒棉花和 LB 琼脂培养基。

【实验方法】

①制备菌液。将保存的大肠埃希菌、金黄色葡萄球菌液接种于 LB 培养基中，于 37 ℃培养16～18 h，采用菌落计数法（拓展知识 4-9）对实验感染用的活菌进行

计数(如条件一致,则不必每次测定)。将上述菌液用生理盐水以10倍顺序稀释为10^{-1}、10^{-2}、10^{-3}……不同浓度菌液,再取此不同浓度的菌液1 mL加5%胃膜素悬液9 mL(拓展知识4-10),即配制成浓度为10^{-2}、10^{-3}、10^{-4}……的菌悬液备用。

②预试。将大肠埃希菌、金黄色葡萄球菌液不同浓度的菌悬液分别腹腔注射于3~5只小鼠,每只0.5 mL,观察其死亡情况。记录不同病原菌感染后引起小鼠80%~100%死亡的菌液浓度。常用病菌的参考用量见拓展知识4-11。

③实验治疗。取小鼠60只,随机分成2组(2组分别感染大肠埃希菌、金黄色葡萄球菌),每组30只。分别将30只小鼠标号,称重,再随机分为6组,每组5只,其中1组为对照组,另5组为实验组。

药物的浓度确定:以所给药物的浓度作为中间剂量,按1∶0.7的比例,向上推2个剂量,向下也推2个剂量,组成5个剂量组。对照组为生理盐水。分别选用大肠埃希菌和金黄色葡萄球菌感染后引起小鼠80%以上死亡的最低菌液浓度进行感染,每只小鼠腹腔注射菌液0.5 mL,以感染各组小鼠。在给菌液后,立即灌胃给药,按体重折算,一次性给完。然后观察并记录给药后72 h内小鼠的死亡情况。

【实验结果】

按表4-47填写并计算该药的半数有效量(ED_{50})及95%可信限。

表4-47 不同病原菌感染小鼠后恩诺沙星的半数有效量(ED_{50})测定

项目	大肠埃希菌						金黄色葡萄球菌					
	1	2	3	4	5	生理盐水	1	2	3	4	5	生理盐水
剂量/(mg/kg)												
对数剂量 X												
动物数/只												
死亡数/只												
ED_{50}												
95%可信限												

【注意事项】

①实验所用药物的浓度必须经过预试,试出恰当的浓度后再进行实验。所用实验菌必须是临床新分离的而且是毒性较强的菌。

②实验用的病原菌需用胃膜素进行保护,否则实验结果受到影响。

③必须严格确定药物的浓度,不要随意改变,量要给足,否则实验结果受到影响。

④必须严格称量动物的体重,否则实验结果受到影响。

⑤带菌动物在实验过程中应严加管理，严禁发生逃逸。实验结束后，动物尸体应焚化或放入置有5%的碳酸液缸内，活的动物应立即处死并进行相关处理，处理完毕必须用碘酊与乙醇擦干，用肥皂洗手，以防疾病迅速传播。所有带菌器材均须高压灭菌处理。

【思考题】

①抗菌药物的体内抗菌实验包括哪些步骤？应如何进行？

②治疗指数有什么意义？

③在本实验中能否肯定恩诺沙星对小鼠大肠埃希菌、金黄色葡萄球菌感染的疗效？有什么根据？

拓展知识 4-9

活菌数测定法

将培养基的菌悬液依10倍顺序稀释使其浓度为10^{-1}、10^{-2}、10^{-3}、…10^{-8}（即以9 mL无菌生理盐水加1 mL菌悬液为10^{-1}，依此类推）。选取适当浓度的菌悬液0.1 mL放在MH琼脂培养基平板上，轻轻推开菌液，注意不要碰到平板边缘，以免影响计数。共做3个平皿，都放入37 ℃孵箱，培养18～20 h后计算菌落群数。平板玻璃盖可换为瓦盖（因瓦盖能吸水，可避免细菌在平板上繁殖成一片）。挑选平板上生长30～300个菌落的平板计数。一般取2个平板的平均数进行计算。根据细菌稀释浓度（一般为10^{-4}、10^{-5}、10^{-6}和10^{-7}），算出每毫升菌液的活菌数。例如，10^{-6}稀释浓度的2个平板上生长菌落数为68、70个，平均为69/0.1 mL，即每毫升有活菌数690×10^{6}/mL即6.9×10^{8}/mL。

拓展知识 4-10

5%胃膜素悬液制备法

称取胃膜素5 g放于研钵内，加少量生理盐水研磨，边研边加生理盐水，最后加至100 mL，于10 lb加压10 min灭菌即可，临用时调整其pH至中性。

拓展知识 4-11

小鼠体内保护实验常用病菌的接种量见表4-48。

表 4-48 小鼠体内保护实验常用病菌的接种量

菌株	感染浓度	胃膜素稀释后的浓度	死亡时间/h
金黄色葡萄球菌	10^{-2}	10^{-3}	<24
痢疾杆菌	10^{-1}	10^{-2}	<24
大肠埃希菌	10^{-3}	10^{-4}	<24
变形杆菌	10^{-4}	10^{-5}	24～48
绿脓杆菌	10^{-3}	10^{-4}	48～72

实验四十五　抗菌药物最小抑菌浓度(MIC)的测定(试管二倍稀释法)

【实验目的】

通过本实验了解试管二倍稀释法检测抗菌药物敏感性的原理，并掌握抗菌药物对细菌的最小抑菌浓度(minimal inhibit concentration，MIC)的测定方法。

【实验原理】

在肉汤中将抗菌药物进行一系列二倍稀释后再定量接种待测菌，37 ℃孵育 16～24 h 后观察细菌生长状况。抑制检测菌肉眼可见生长的最低药物浓度为测定药物对检测菌的 MIC。本法优点是结果可靠，易发现污染菌；缺点是费时费力；可选用 96 孔板的微量肉汤稀释法代替本法。

【实验材料】

①菌种：大肠埃希菌。

②器材：试管，试管架，接种环，超净工作台，恒温培养箱，酒精灯。

③试剂：营养肉汤，营养琼脂，血清琼脂，大肠杆菌，抗菌药物。

【实验方法】

①培养基的制备：按常规方法。

②药物原液的配制和保存：用分析天平精确称取抗菌药物后，溶于适宜溶剂中，如蒸馏水、不同 pH 的磷酸盐缓冲液，稀释至所需浓度(抗菌药物配制和保存期限见拓展知识 4-12)。

③菌液配制：将保存菌种接种于血平板中，并置于 37 ℃恒温箱中培养(新鲜培养菌种，不必再移血平板)，次日挑选出单个菌落 1～2 个接种在 2 mL 肉汤培养基中，并置于 37 ℃恒温箱 16～18 h 培养后取出，吸取上述菌液 0.5 mL，用生理盐水做 10^{-1}的梯度稀释，取 10^{-5}、10^{-6}和 10^{-7} 3 个梯度的菌液各 0.1 mL 在营养琼脂

或血清琼脂平板上摊开，再培养 16～18 h，然后计算菌落数，要求生长浊度达 9×10^8 CFU/mL。

④菌液的稀释：上述菌液用营养肉汤或血清肉汤作 1∶10 000 稀释。

⑤MIC 的测定：取无菌试管 14 支，列成一排，除第一支试管加入 1.8 mL 培养基外，其余试管均加入 1.0 mL 培养基，然后在第 1 支试管加入抗菌药物原液（如 1 280 μg/mL）0.2 mL，混匀，吸取 1.0 mL 加入至第 2 支试管，混匀后再吸取 1.0 mL 至第 3 支试管，如此连续稀释至第 12 支试管，并从第 12 支试管中吸取 1.0 mL 弃去，第 13 支试管不加药物，为生长对照，第 14 支不加菌液，作为药物对照。此时各试管的药物浓度依次为：128 μg/mL、64 μg/mL、32 μg/mL、16 μg/mL、8 μg/mL、4 μg/mL、2 μg/mL、1 μg/mL、0.5 μg/mL、0.25 μg/mL、0.125 μg/mL、0.0625 μg/mL。也可根据试验需要增加试管数，使药物浓度类推。然后在每支试管中加入稀释的菌液 0.1 mL，使每支试管菌液浓度约为 5×10^5 CFU/mL。将接种好的试管塞好塞子，置 37 ℃恒温箱培养 16～24 h 后观察结果。

【实验结果】

培养时间已到，取出试管逐支摇匀后观察，以无细菌生长的最低浓度为 MIC。先观察两支对照管，正常情况为生长对照管有细菌生长，药物对照管无细菌生长。继续观察，如前 10 支试管均澄清，第 11 支试管开始出现混浊，那么此抗菌药物对大肠杆菌的 MIC 便是第 10 支试管的药物浓度，即 0.25μg/mL。如 12 支试管全都有细菌生长，则报告为：大肠埃希菌对该抗菌药的 MIC＞128μg/mL，如 12 支试管均无细菌生长，则报告为：细菌对该抗菌药物的 MIC＜0.0625μg/mL 或细菌对该抗菌药物高度敏感。

【注意事项】

稀释法的成败与准备工作、操作规范化密切相关，准备工作繁多，操作技术要求严格，对熟练的技术人员可以准确获得定量的抑菌作用。

【思考题】

试管二倍稀释法应注意哪些环节才能准确测定 MIC？

拓展知识 4-12

抗菌药物原液的配制和保存期限见表 4-49。

表 4-49 抗菌药物原液的配制和保存期限

抗菌药物	溶剂	浓度(μg/mL)	保存条件及期限	
			－20 ℃	4 ℃
青霉素 G	pH 6.0 磷酸盐缓冲液	1 280	3 个月	1 周
半合成青霉素类	pH 6.0 磷酸盐缓冲液	1 280	3 个月	1 周
头孢菌素类	pH 6.0 磷酸盐缓冲液	1 280	3 个月	1 周
氨基糖苷类	pH 7.8 磷酸盐缓冲液	1 280	3 个月	4 周
四环素类	pH 4.5 磷酸盐缓冲液	1 280	3 个月	1 周
多黏菌素 B 硫酸盐	pH 6.0 磷酸盐缓冲液	1 280	3 个月	2 周
林可或克林霉素	pH 7.8 磷酸盐缓冲液	1 280	3 个月	2 周
氯霉素	先用少量乙醇溶解再用 pH 6.0 缓冲液稀释	1 280	长期保存	长期保存
利福平	先用甲醇溶解再用蒸馏水稀释	1 280	3 个月	2 周
万古霉素	无菌蒸馏水	1 280	3 个月	2 周
两性霉素 B	无菌蒸馏水	1 280	3 个月	1 周
5-氟胞嘧啶	先用少量二甲基酰(DMF)溶解再用蒸馏水稀释	1 280	3 个月	2 周
甲氧苄啶	先用 0.1 N 乳酸溶解再用蒸馏水稀释	1 280	长期保存	长期保存
各种磺胺药	先用 NaOH 或乳酸溶解再用蒸馏水稀释	25 600	长期保存	长期保存

实验四十六 家兔血和肝中游离磺胺嘧啶浓度的测定

【实验目的】

掌握磺胺类药物在动物体组织和血液中浓度测定的方法，并了解磺胺嘧啶在体内的分布情况。

【实验原理】

磺胺嘧啶属于磺胺类药物，磺胺类药物吸收分布于全身各组织和体液中。以血液、肝、肾含量较高，神经、肌肉及脂肪中的含量较低，进入血液的磺胺药，大部分与血浆蛋白结合，磺胺类中以磺胺嘧啶血浆蛋白结合率最低，易于通过血脑屏障进入脑脊液。磺胺类药物主要在肝脏代谢，引起多种结构上的变化。

【实验材料】

①动物:家兔1只。

②器材:烧杯2个,试管20支,漏斗2个,20 mL刻度试管1支,滤纸,试管架,研钵(或匀浆机),2 mL注射器2支,5号针头1个,6号针头2个,兔手术台,手术剪刀,止血钳,0.5 mL刻度吸管4支,2.5 mL刻度吸管1支,5 mL刻度吸管8支,20 mL刻度吸管1支,72型或721型分光光度计(或光电比色计),天平,分析天平。

③药品:磺胺嘧啶钠注射液,3%三氯醋酸溶液、15%三氯醋酸溶液,0.1%亚硝酸钠溶液,0.5%氨基磺酸铵溶液,0.1%二盐酸N-(1-萘基)-乙二胺溶液,磺胺嘧啶标准品,95%乙醇,贮存标准液和应用标准液。试剂配制方法见拓展知识4-13。

【实验方法】

一、家兔血中游离磺胺嘧啶浓度的测定

取家兔1只,称重。静脉注射10%磺胺嘧啶钠注射液(每千克体重1 mL),0.5 h后从心脏采血,按下述步骤依次进行。

①取全血0.5 mL,加蒸馏水15.5 mL,混匀,放置15 min。

②加15%三氯醋酸溶液4.0 mL,混匀,过滤。

③在试管中加入上述滤液5.0 mL,作为测定管;在另一试管中加入空白对照液5.0 mL,作为空白管;在第三支管中加入应用标准液5.0 mL,作为标准管。在以上3管中各加入0.1%亚硝酸钠溶液0.5 mL,混合,放置3 min。

④各管加入0.5%氨基磺酸铵溶液0.5 mL,混合并放置2 min。

⑤各管加入0.1%二盐酸N-(1-萘基)-乙二胺溶液2.5 mL,充分混合,放置10 min。

⑥用分光光度计(或光电比色计)于550 nm波长处进行比色。以空白管校正光密度到零点,读取标准管和测定管光密度,然后按下式计算游离磺胺嘧啶的含量。

$$\text{样品的药物浓度}=\frac{\text{测定管光密度}}{\text{标准管光密度}}\times\text{应用标准液浓度}\times\text{样品稀释倍数}$$

例:标准管光密度为0.5,测定管光密度为0.4,即0.4/0.5×0.375×40=12(mg%)。

二、家兔肝内游离磺胺嘧啶浓度的测定

上述实验采血后立即将兔处死,打开腹腔,称取肝组织2 g,在研钵中加蒸馏水研磨(或匀浆机粉碎),取上清液于刻度试管内。残渣再加蒸馏水冲洗研钵并回收

于刻度试管内，共得16 mL。然后加15%三氯醋酸4 mL，混匀，静置过滤，即得到待测液。

利用上述公式计算，若标准管光密度为0.5，测定管光密度为0.4，样品稀释倍数为10，则：0.4/0.5×0.375×10=3(mg%)。

【实验结果】

依实验测得的光密度，按公式进行磺胺嘧啶血药浓度与肝药浓度的计算。

【注意事项】

0.1%亚硝酸钠溶液，0.5%氨基磺酸铵溶液最好现用现配，置冰箱内保存。

【思考题】

试分析磺胺嘧啶血药浓度及肝药浓度的高低与临床应用的关系。

拓展知识4-13

各种试剂的配制

①空白对照液(3%三氯醋酸溶液)：取15%三氯醋酸溶液，用蒸馏水稀释5倍即得。

②0.1%二盐酸N-(1-萘基)-乙二胺溶液：取二盐酸N-(1-萘基)-乙二胺0.5 g，溶于95%乙醇约400 mL中，再用乙醇稀释至500 mL，置棕色瓶中，放于冰箱内保存备用。

③贮存标准液：精确称取磺胺嘧啶标准品0.125 g，溶于0.1 mol/L氢氧化钠25 mL中，然后加4 mol/L硫酸175 mL，并用蒸馏水稀释至1 000 mL，置于冰箱内备用。

④应用标准液：精确吸取上述贮存标准液3.0 mL，置100 mL容量瓶中，用3%三氯醋酸稀释至刻度。

第十节　消毒防腐药物实验

实验四十七　消毒防腐药的作用

【实验目的】

观察消毒防腐药的作用。

【实验原理】

消毒防腐药是一类外用药物，可用于动物体表或周围环境，以杀灭病原微生物或抑制其生长繁殖，可分为防腐药和消毒药。消毒药在低浓度时产生防腐作用，防腐药在高浓度时具有消毒作用。

【实验材料】

①材料：肉片。

②器材：手术刀片，镊子和试管 5 只。

③药品：75％酒精溶液，2％碘酊溶液，5％石炭酸溶液，1％乳酸依沙吖啶溶液和蒸馏水。

【实验方法】

取试管 5 支，分别加入 75％酒精溶液、2％碘酊溶液、5％石炭酸溶液、1％乳酸依沙吖啶溶液和蒸馏水各 15 mL，然后各放入一小块质量相同的肉片，置 37 ℃温箱培养，24 h 后观察各管内的肉片有无腐败，以判定消毒防腐药的抑菌效能。

【实验结果】

实验结果记录于表 4-50 中。

表 4-50　不同消毒防腐药的作用

药物	有无腐败	药物	有无腐败
75％酒精		1％乳酸依沙吖啶	
2％碘酊		蒸馏水	
5％石炭酸			

【思考题】

环境消毒药和皮肤黏膜消毒防腐药的种类有哪些？临床如何合理应用？

第十一节　特效解毒药实验

实验四十八　亚硝酸盐的中毒与解救

【实验目的】

观察亚硝酸盐中毒症状，了解亚甲蓝对亚硝酸盐中毒的解救作用。

【实验原理】

亚硝酸盐中毒时，亚硝酸根离子可使血液中亚铁血红蛋白氧化为高铁血红蛋白而丧失携氧能力。静脉注射小剂量的亚甲蓝(每千克体重 1～2 mg)，在体内脱氢辅酶的作用下，还原为无色亚甲蓝，后者能将高铁血红蛋白还原为亚铁血红蛋白，重新恢复携氧功能。

【实验材料】

①动物：家兔，体重(2.5±0.5)kg/只。

②器材：5 mL注射器，8号针头，镊子，酒精棉和台秤。

③药品：3%亚硝酸钠注射液和1%亚甲蓝注射液。

【实验方法】

①取家兔1只称重。观察正常活动情况，检查呼吸、体温、口鼻部皮肤、眼结膜及耳血管颜色。

②按每千克体重1～1.5 mL耳静脉注射3%亚硝酸钠溶液。检查家兔上述指标的变化情况，待眼结膜出现发绀现象或口鼻部皮肤呈暗红色时，检查体温。出现典型中毒症状后，立即由耳静脉注射1%亚甲蓝注射液(每千克体重0.2 mL)，观察中毒症状是否减轻或消除。

【实验结果】

实验结果记录于表4-51中。

表4-51　亚硝酸钠的中毒与解救

药物	呼吸频率/(次/min)	体温/℃	口鼻及眼结膜颜色	耳血管颜色	精神状态
实验前					
给亚硝酸钠后					
给亚甲蓝后					

【注意事项】

①此实验宜选择白色家兔以便观察。

②在15～30 min内疗效不明显时，可重复注射1%亚甲蓝注射液一次；或耳静脉注射加有维生素C的葡萄糖注射液。

【思考题】

简述亚硝酸盐的中毒原理、中毒症状及亚甲蓝解毒原理。

实验四十九　氟乙酰胺的急性中毒与解救

【实验目的】

观察氟化物中毒症状，了解解氟灵(乙酰胺)对氟乙酰胺中毒的解救作用。

【实验原理】

氟乙酰胺进入机体后，脱胺形成氟乙酸，氟乙酸经过乙酰辅酶A活化，在缩合酶的作用下，与草酰乙酸缩合，生成氟柠檬酸，可阻断柠檬酸的代谢。且氟柠檬酸可抑制乌头酸酶活性，使糖代谢反应中止，三羧酸循环中断，使三磷酸腺苷(ATP)生成受阻，导致严重中毒。

解氟灵进入机体后，水解为乙酸，与氟乙酰胺竞争某些酶(如酰胺酶)，使之不能产生氟乙酸，氟柠檬酸的生成受到限制，从而起到解毒作用。本品与半胱氨酸合用效果更好。

【实验材料】

①动物：家兔，体重(2.5±0.5)kg/只。

②器材：5 mL注射器，8号针头，镊子，酒精棉，台秤。

③药品：氟乙酰胺或氟乙酸钠、解氟灵。

【实验方法】

①取家兔1只称重。观察正常活动情况，检查呼吸、体温、口鼻部皮肤、眼结膜及耳血管颜色。

②按每千克体重0.3～0.4 mg耳静脉注射氟乙酰胺。观察家兔上述指标的变化情况，当家兔躁动不安、呕吐、胃肠机能亢进、乱跑、鸣叫、惊恐、突然倒地、全身震颤、四肢划动、全身阵发性痉挛时，立即按每千克体重0.1 g肌内注射解氟灵，观察中毒症状是否消除，否则，解氟灵每次以1/4量逐渐增加剂量注射。

【实验结果】

实验结果记录于表4-52中。

表4-52　氟乙酰胺的中毒与解救

药物	呼吸频率/(次/min)	体温/℃	口鼻及眼结膜颜色	耳血管颜色	精神状态
实验前					
给氟乙酰胺后					
给解氟灵后					

【注意事项】

①如出现中枢神经系统的症状，动物产生痉挛与抽搐时，应配合氯丙嗪或巴比妥类等安定药镇静，缓解症状。

②肌内注射解氟灵配合静脉注射葡萄糖酸钙5～10 mL是有益的。

③镇静用氯丙嗪及安定等；解除呼吸抑制，可用尼可刹米；解除肌肉痉挛，可静脉注射葡萄糖酸钙。

④解氟灵中毒动物的心脏常遭受损害，故静脉注射必须十分缓慢，否则，常加速中毒动物的死亡。首次用量为常用药量的 1/2。

【思考题】

请分析氟乙酰胺中毒及解氟灵解毒的机理。

实验五十 有机磷农药的中毒与解救

【实验目的】

观察动物有机磷农药中毒的主要症状和阿托品、解磷定的解毒作用，并分析其作用机理。

【实验原理】

有机磷农药能与胆碱酯酶不可逆性结合，使胆碱酯酶失活，不能水解乙酰胆碱(ACh)，以致突触部位 ACh 蓄积而引起 M、N 样症状和中枢症状。阿托品能选择性地阻断 M 胆碱受体，有效地解除 M 样症状；胆碱酯酶复活剂具有强大的亲磷酸酯作用，能恢复胆碱酯酶活性，迅速解除有机磷农药急性中毒症状。

【实验材料】

①动物：兔与鸡各 1 只。

②器材：毛剪，中镊子，注射器(1.5 和 10 mL)，5 号与 6 号针头，瞳孔量尺，台秤，肛表，止血钳和粗天平。

③药品：10%敌百虫溶液，0.5%硫酸阿托品注射液和 2.5%解磷定注射液。

【实验方法】

①观察与记录动物正常指标：取兔、鸡各一只，称好体重，观察与记录其瞳孔、唾液、肠蠕动、大小便、肌肉震颤及精神状态等一般情况。

②动物有机磷中毒：给兔缓慢耳静脉注射 10%敌百虫溶液(每千克体重 0.75 mL)。鸡肌内注射 10%敌百虫溶液(每千克体重 0.8 mL)，分别于 15 min 和 30 min 后观察兔、鸡上述指标有何变化？

③解救：待中毒表现明显时，兔耳静脉注射 2.5%解磷定注射液(每千克体重 2 mL)。鸡肌内注射 0.5%阿托品注射液(每千克体重 0.2 mL)进行抢救，观察上述中毒症状哪些能解除，哪些不能解除。然后鸡、兔互换解毒药再行注射，观察中毒症状能否全部解除。

【实验结果】

实验结果记录于表 4-53 中。

表 4-53　敌百虫的中毒与解救

给药前后	动物	瞳孔/mm	唾液	肠蠕动	大、小便	肌肉震颤	精神状态
给药前	鸡						
	兔						
给敌百虫后	鸡						
	兔						
给阿托品后	鸡						
	兔						
给解磷定后	鸡						
	兔						

【思考题】

①敌百虫中毒症状有哪些？机制是什么？

②阿托品对敌百虫中毒的哪些症状有效？哪些无效？为什么？

③解磷定能很快解除敌百虫中毒的哪些症状？为什么？

第五章　综合性实验

实验五十一　几种药物制剂的调制与兽用处方的书写

【实验目的】

熟悉葡萄糖注射液、酊剂、搽剂和软膏剂在实验室调制的基本方法及注意事项，掌握兽用处方的书写及注意事项。

【实验原理】

任何经化学、生物合成或提取、精制的原料药物，都不能直接用于临床，必须制成具有一定形状和性质，适合于临床使用的不同给药形式，称为剂型。剂型属于集合名词，一般指药物制剂的类别，如颗粒剂、胶囊剂、片剂、溶液剂、乳剂、混悬剂和注射剂等。不同的药物可以制成同一剂型，如氟苯尼考预混剂、硫酸安普霉素预混剂等；同一种药物也可制成多种剂型，如恩诺沙星片、恩诺沙星可溶性粉、恩诺沙星溶液、恩诺沙星注射液等。

兽药剂型按其形态分为液体剂型、固体剂型、半固体剂型和气体剂型 4 种。

制剂，将原料药物按某种剂型制成具有一定规格的药剂，即各种剂型中的任何一个具体药品称为药物制剂，简称制剂。如阿莫西林可溶性粉、葡萄糖注射液和阿维菌素片等。

注射剂(injection)俗称针剂，指灌封于特别容器中的灭菌药物溶液、混悬液、乳剂或粉末(粉针剂)，如葡萄糖注射液、安乃近注射液、恩诺沙星注射液等；酊剂(tincture)，系指药物用规定浓度的乙醇浸出或溶解制成的澄清液体制剂，如 5% 碘酊等；搽剂(liniment)，是指刺激性药物的醇性或油性液体，如氨搽剂等；软膏剂(ointments)，系指药物与油脂性或水溶性基质混合制成的均匀的半固体外用制剂，如鱼石脂软膏、杆菌肽软膏等。

【实验材料】

①注射液的制备：输液瓶，橡胶塞，铝盖，涤纶薄膜，玻璃棒，烧杯，电子秤，量筒，电炉，绸布，脱脂棉，滤纸，玻璃漏斗，垂熔玻璃滤球(G_3)，真空泵，酸度计，高压灭菌锅，标签，注射用葡萄糖，安乃近，亚硫酸氢钠，苯甲醇，依地酸二钠，活性炭，0.1 mol/L HCl 溶液，1% HCl 溶液，2% NaOH 溶液和清洁液。

②碘酊的制备：乳钵，电子秤，量筒，棕色磨口瓶，碘，碘化钾和 75% 乙醇。

③搽剂的制备：10 mL 量筒，刻度吸管，10%氨水和蓖麻油。

④软膏的制备：软膏板，软膏刀，软锡管，电子秤，鱼石脂，杆菌肽，液状石蜡和凡士林。

【实验方法】

一、几种药物制剂的调制

(一)注射液的制备

1. 葡萄糖注射液

【处方】

注射用葡萄糖	27.5 g
活性炭	0.5 g
盐酸(0.1 mol/L)	适量
注射用水	加至 500.0 mL

【制备】

取注射用水约 200 mL，加入含一分子结晶水的注射用葡萄糖 27.5 g，搅拌使其溶解。用 0.1 mol/L 盐酸调节 pH 至 3.8～4.0(用酸度计测试)，向溶液中加入活性炭 0.5 g，搅拌均匀后，加热煮沸 10 min，趁热用绸布垫脱脂棉和双层滤纸连续过滤到输液瓶中，加注射用水至 500 mL，再用垂熔玻璃滤球(G_3)抽滤。瓶口盖上涤纶薄膜和橡胶塞，轧上铝盖，高压灭菌 30 min[115 ℃，10 lb/in.^{2}(1 in. =2.54 cm)]。

2. 氨苄西林乳房注入剂

【处方】

氨苄西林	1.0 g
醋酸泼尼松龙	0.04 g
植物油	60.0 mL
聚山梨酯 80	7.5 mL
氯化钠	4.0 g
注射用水	加至 100.0 mL

【制备】

将植物油、氯化钠和适量注射用水混合，搅拌均匀后加入聚山梨酯 80，充分混合后再加入醋酸泼尼松龙，混合均匀后再加入氨苄西林，混匀，低温乳化后，加注射用水至 100.0 mL，灌装并于安瓿熔封机或拉丝灌封机上封口，100 ℃灭菌 15 min，即得。

(二)碘酊的制备

【处方】

碘	5.0 g
碘化钾	10.0 g
纯化水	10.0 mL
75%乙醇	加至 100.0 mL

【制备】

取纯化水约 10 mL,加入碘化钾 10.0 g,搅拌使其溶解并形成饱和或过饱和溶液;加入碘 5.0 g,搅拌使其完全溶解,转入量筒内,用 75%乙醇稀释至 100.0 mL,混匀。置棕色玻璃磨口瓶中,密闭保存。

(三)氨搽剂的制备

【处方】

10%氨水	1.5 mL
蓖麻油	4.5 mL

【制备】

取 10%氨水 1.5 mL 和蓖麻油 4.5 mL 搅拌混匀即得。

(四)软膏的制备

1.20%鱼石脂软膏

【处方】

鱼石脂	4.0 g
凡士林	16.0 g

【制备】

取鱼石脂和凡士林,置软膏板上,用软膏刀将其混合均匀即可。

2.杆菌肽软膏

【处方】

杆菌肽	5.0 万 U
液状石蜡	6.5 g

凡士林适量,制成 100.0 g。

【制备】

取杆菌肽置灭菌研钵中，加入预先用 150 ℃干热灭菌 1 h 并放冷的凡士林和液状石蜡混合，再分装于灭菌的软锡管中，即得。

【注意事项】

1. 葡萄糖注射液的制备

(1)器材的处理

①玻璃器材(如输液瓶、量筒、烧杯、玻璃棒和漏斗等)。用前要清洗，清洗顺序：水洗→洗衣粉刷洗→自来水刷洗→注射用水清洗。

②橡胶塞。橡胶塞中含 $CaCO_3$、ZnO、$ZnSO_4$、$BaSO_4$、硬质酸等，会影响注射液的质量，应用碱、酸处理：水洗→2% NaOH 煮 30 min→水洗→水煮 30 min→1% HCl 煮 30 min→水洗→蒸馏水煮 30 min→蒸馏水清洗。

(2)原料药物　所用原料药物要求纯度高，并符合中国兽药典规定的质量标准。

(3)溶媒的选择　制备葡萄糖注射液所用的溶媒应是注射用水，即新鲜的蒸馏水或重蒸馏水，以免产生热原。

(4)调节 pH　5%葡萄糖注射液 pH 应为 3.5～5.5，但在灭菌前要求调节 pH 至 3.8～4.0，其目的如下。

①中和杂质微粒上的电荷，使之聚集成较大的颗粒而被滤掉。

②使葡萄糖中少量未完全糖化的糊精继续水解成葡萄糖。

③糖加热灭菌时最稳定，不会分解产生有色物质。如 pH 超过 5.5，则葡萄糖溶液灭菌后易变黄，成为不合格产品；如 pH 低于 3.0，则酸性过强，大量输液易发生酸中毒。

(5)吸附热原、色素、杂质　在葡萄糖溶液中加入一定量的活性炭，可吸附热原、色素和杂质等。但活性炭也吸附某些药物，使药物含量下降。故药品纯度高、无热原时，以尽量不用活性炭为宜。

(6)过滤　目的是除去杂质，使药液澄清。一般先粗滤后精滤。量少的注射液，可用玻璃漏斗加双层滤纸过滤；如果配制的注射液量比较多，可用布氏漏斗加滤纸和垂熔滤球减压抽滤；生产上多用板框式抽滤机加上微孔滤膜过滤。

(7)灌装　应注意灌装量的准确性。精滤后的注射液应直接流入输液瓶中，以减少污染。

(8)封瓶　输液瓶的瓶口先盖一层涤纶薄膜后，盖上橡胶塞，再轧盖以防止灭菌时液体冲出瓶外。

(9)灭菌　方法有高压灭菌法，煮沸灭菌法和流通蒸汽灭菌法。但葡萄糖注射液的灭菌宜用高压灭菌法，灭菌完毕后，应及时放气取出冷却，以免葡萄糖注射液变黄。

(10)质量检查　葡萄糖注射液的质量检查包括澄明度检查、热原检查、pH 检查、无菌检查和含量检查等。

2. 碘酊的制备

①配制碘酊时，要注意配制顺序。因 I_2 不溶于水也不溶于乙醇，但能溶解在饱和的 KI 溶液中。即 I_2 与 KI 作用生成络合物后易溶于水及乙醇。I_2 与 KI 生成络合物的反应是可逆的，故仍能保持碘的杀菌能力。

②KI 在处方中除作为助溶剂外，还充当稳定剂。I_2 与 KI 生成络合物后，I_2 在溶液中更为稳定，不易挥发。

③因遇光或空气时，I_2 易游离析出，故碘酊应用棕色瓶密闭保存。

二、处方

(一)处方的概念、种类

处方(prescription)系指兽医医疗和兽药生产企业用于药剂配制的一种重要书面文件，按其性质、用途，主要分为制剂处方和兽医师处方两种。

1. 制剂处方

制剂处方系指兽药典、兽药标准收载的处方，具有法律约束力，兽药厂在生产法定制剂和药品时，均须按照制剂处方所规定的一切要求进行配制、生产和检验。

2. 兽医师处方

兽医师处方是兽医师为预防和治疗动物疾病，针对就诊动物书写的药名、用量、配法及用法等的用药书面文件，是鉴定药效和毒性的依据，一般应保存一定时间以备查考。

作为临床用药的依据，处方反映了兽医、兽药、动物养殖者各方在兽药治疗活动中的法律权利与义务，并且可以作为追查医疗事故责任的证据，具有法律上的意义；兽医师处方记录了兽医师对患畜药品治疗方案的设计和正确用药的指导，具有技术上的意义；兽医师处方是兽药费用支出的详细清单，也可作为兽药消耗的单据及预算采购的依据，具有经济上的意义。因此，在书写处方和调配处方时，都必须严肃认真，以保证用药安全、有效与经济。

(二)处方的格式

下面以兽医师处方为例，简略介绍其处方格式。

1. 登记部分

在处方笺的上方须逐项填写病畜所属单位，畜主姓名，畜别，年龄，性别，体重，门诊日期，门诊号或住院号，有的还须填写品种、毛色和主要症状等。

2. 处方部分

①在处方的左上角先写上 Rp 或 R，为拉丁文 Recipe 的缩写，代表“处方”之意。

②在 Rp 之后或下一行，写出药物制剂的名称、规格和剂量。每药一行，逐行书写，剂量均用阿拉伯数字，并且要写明单位，小数点要对齐，如果是整数，则在整数后面加小数点和零。同一处方中有多种药物时，应按它们的作用性质依次排列，即主药在前，佐药、矫正药和赋形药在后。

③写明药物的配制方法和给药方法，如每日给药次数，每次用量，是否连续用药等。

3. 签名部分

兽医人员应在处方书写完毕后仔细检查核对，在处方笺的最后部分签名，以示负责。

(三)处方举例

①猪 1 头，体重 100 kg，患传染性胸膜肺炎。

Rp　　5%恩诺沙星注射液　　1 次 20 mL

　　用法　　每次分点肌内注射，每日 2 次，连用 3 d。

签名：兽医(兽医师)

____年____月____日

②水牛 1 头，体重 400 kg，发病 3 d，表现反刍减少、食欲减退、瘤胃蠕动减慢、大便秘结等。

Rp　　A. 复方龙胆酊　　150.0 mL

　　陈皮酊　　100.0 mL

　　常水　　适量

　　用法　　饲前一次灌服

　　B. 10%氯化钠注射液　　300.0 mL

　　用法　　一次静脉注射

签名：兽医(兽医师)

____年____月____日

【思考题】

①简述葡萄糖注射液、碘酊、搽剂和软膏的制备方法和注意事项。

②简述处方的概念、种类和在法律、技术及经济上的意义。

③猪 1 头,体重 80 kg,患猪丹毒病,试书写处方。

实验五十二　药物的配伍禁忌

【实验目的】

观察两种或两种以上的药物配合应用时,可能产生的配伍禁忌;了解药物配伍禁忌的临床意义。

【实验原理】

当多种药物配伍时,可发生物质形态改变的物理性变化,有新物质产生的化学性变化,有的可引起药物作用强度、作用持续时间和作用性质改变的药理性变化,统称为药物制剂的配伍变化。药物配伍变化中有的是符合调剂和治疗需要,称为合理的配伍变化;而有些配伍不但达不到预期目的,反而会给药物使用带来不便,或引起药物作用的减弱或消失,甚至于引起不良反应,则称为不合理的配伍变化。

配伍禁忌(incompatibility)是指在一定条件下产生的不利于生产、应用和治疗,而又不能通过调剂操作克服的不合理配伍变化(如产生减效、失效、毒性增强、生成有害物质或影响制剂质量与稳定性等)。当药物配伍时发生的配伍变化不符合用药目的,但经过调剂过程的特殊操作或处理后,可以克服或避免的不合理配伍变化,则称为配伍困难。

药物的配伍禁忌分为物理性、化学性和药理性配伍禁忌 3 种。

(1)物理性配伍禁忌　当多种药物配伍使用时,发生物理性质改变,如吸附、潮解、液化、溶化、析出等,称为物理性配伍禁忌。例如,抗菌药与活性炭合用,则抗菌药被吸附而降低疗效;水合氯醛(熔点 57 ℃)与樟脑(熔点 171～176 ℃)等量混合研磨可形成低熔点混合物(熔点为－60 ℃)产生液化现象;浓盐水与乙醇混合可析出 NaCl 晶体。

(2)化学性配伍禁忌　药物配合使用时,药物之间由于发生化学反应使药物的化学性质改变而减效或失效,如产生沉淀或气体,发生变色、燃烧、爆炸等,则称为化学性配伍禁忌。例如,乳糖酸红霉素的水溶液与氯化钠或氯化钙溶液混合后产生混浊或沉淀,与碳酸氢钠注射液混合时析出游离碱沉淀;磺胺类药物的注射液遇酸性药物(如维生素 C 注射液、硫酸黄连素注射液)时,磺胺类药物会析出沉淀;盐酸肾上腺素与盐酸普鲁卡因两种溶液混合时能产生变色反应;在有水分存在条件下,一种较强的酸(如盐酸)和一种弱酸盐(如碳酸盐、碳酸氢盐),或一种较强的碱

（如氢氧化钠）和一种弱碱盐（如铵盐）相配合时会产生气体；强氧化剂与强还原剂配伍时，如氯化钾与硫、高锰酸钾与甘油、高锰酸钾与药用炭等药物混合研磨时，可能发生燃烧或爆炸等。

（3）药理性配伍禁忌（疗效性配伍禁忌）　当药物配合使用时或使用后在体内过程的相互影响，包括药动学或药效学的相互作用，引起药理作用相互抵消或毒性增强，叫药理性配伍禁忌。例如，Ca^{2+}与Mg^{2+}的相互拮抗；钙制剂与洋地黄毒苷合用易使心肌中毒；华法林与保泰松合用可能发生出血等。

兽医临床上多种药物联合使用时，应注意药物之间的理化配伍禁忌，必要时，可不同途径给药、分次注射或先后混饮。如青霉素 G 钾与磺胺嘧啶钠注射液，硫酸庆大霉素注射液与羧苄或氨苄青霉素相混合会失去部分或全部抗菌活性。药理性配伍禁忌一般应予避免，但在特殊情况下，却可利用它来减少药物的副作用和在药物中毒时进行解毒，如酸性药物中毒可用弱碱性药物中和解毒，毛果芸香碱等拟胆碱药物中毒可用阿托品等抗胆碱药物解救等。

【实验材料】

①动物：小鼠 4 只，体重 18～22 g/只。

②器材：电子秤，试管架，试管，1 mL 注射器，5 号针头，药匙，乳钵和鼠笼。

③药品：蒸馏水，液状石蜡，水合氯醛，樟脑，樟脑醑，10％磺胺嘧啶钠注射液，维生素 B_1 注射液，维生素 C 注射液，青霉素 G 钾溶液，1.25％盐酸四环素溶液，0.1％盐酸肾上腺素注射液，5％碳酸钠溶液，0.3％戊巴比妥钠溶液，1％安钠咖注射液，4％硫酸镁注射液和 5％氯化钙注射液。

【实验方法】

按以下方法操作，观察、记录实验现象。

1. 物理性配伍禁忌

①取樟脑醑 2 mL，置试管内，加入蒸馏水 2 mL，混匀，静置 3 min。

②取液状石蜡 4 mL，置试管内，加入蒸馏水 4 mL，混匀，静置 3 min。

③取水合氯醛 2 g，置乳钵内，加入樟脑 2 g，反复研磨。

2. 化学性配伍禁忌

①取 10％磺胺嘧啶钠注射液 2 mL，置试管内，加入维生素 C 注射液或维生素 B_1 注射液2 mL，混匀。

②取青霉素 G 钾溶液 2 mL，置试管内，加入 1.25％盐酸四环素溶液2 mL，混匀。

③取 0.1％盐酸肾上腺素注射液 2 mL，置试管内，加入 5％碳酸钠溶液2 mL，

混匀，静置 5 min。

3. 药理性配伍禁忌

①取小鼠 2 只，称重。其中 1 只肌内注射 1%安钠咖注射液（每 10 克体重 0.1 mL）。5 min 后，两鼠分别腹腔注射 0.3%戊巴比妥钠溶液（每 10 克体重 0.2 mL），观察 2 只小鼠反应有何不同？

②另取小鼠 2 只，称重后均肌内注射 4%硫酸镁注射液（每 10 克体重 0.2 mL），待出现肌肉松弛现象后，一只鼠立即按每 10 克体重 0.1 mL 腹腔注射 5%氯化钙注射液，观察 2 只小鼠反应有何不同？

【思考题】

①分析药物配伍禁忌发生的原因以及临床意义。

②请列举 3 种不同类型药物配伍禁忌的实例。

实验五十三 药物半数有效量（ED_{50}）的测定

【实验目的】

①掌握药物半数有效量（ED_{50}）的测定方法、原理、实验步骤及计算过程、意义。

②测出药物的 ED_{50} 及相关参数，认识生物个体差异及评价药物有效性的基本方法。

【实验要求】

①掌握整体动物药物半数有效量测定的基本方法。

②熟悉动物实验常用的随机分组和实验方法。

③掌握 Bliss 法等半数有效量的计算方法。

【实验原理】

①戊巴比妥钠为巴比妥类镇定麻醉药，用适当剂量给小鼠腹腔注射后产生的催眠效应，常用翻正反射的消失来判断。该指标仅有阳性（催眠）和阴性（不催眠）两种现象，属于质反应。

②质反应量曲线的横坐标为对数剂量，纵坐标为累加阳性频数，可得标准的 S 形曲线。在一定的剂量范围内各组的反应率将随着剂量加大而递增。而在该曲线的中央部分（50%反应处）接近一条直线，斜率最大，其剂量测定也最为准确，误差最小。

【实验材料】

①动物：小鼠 30 只，体重 18～22 g/只。

②器材：鼠笼，烧杯，1 mL 注射器，电子天平，电子秤等。

③试剂:不同浓度的戊巴比妥钠。

【实验方法】

①本实验分 5 个组,每个实验组取体重 20 g 左右小鼠 6 只,称重,编号。

②分别给小鼠腹腔注射不同剂量(每千克体重 49 mg、39 mg、31 mg、25 mg 和 20 mg)的戊巴比妥钠,每个剂量注射 6 只小鼠(给药顺序按剂量由低到高),记录给药时间。

③以翻正反射消失作为入睡指标,给药 15 min 后,记录实验组出现催眠的鼠数,汇集全班结果。

④计算采用公式:$ED_{50}=\lg^{-1}[X_m-i(\sum P-0.5)]$。

式中,ED_{50} 为药物半数有效量;$X_m=\lg 49=1.6900$,为最大剂量对数值;$i=\lg(49/39)=0.09913$,为相邻两组剂量比值的对数;P 为动物反应率;$\sum P$ 为各组反应率的总和,将所有记录页计算的结果汇总于表 5-1 中。

【实验结果】

表 5-1　药物半数有效量(ED_{50})的计算

组别	每千克体重剂量/mg	Lg D	实验鼠数/只	催眠鼠数/只	反应百分率/%	P	ED_{50}
1	49	1.690 0	6				
2	39	1.561 1	6				
3	31	1.491 1	6				
4	25	1.367 9	6				
5	20	1.301 0	6				

【注意事项】

①一定要以翻正反射消失作为入睡指标,如果小鼠卧着貌似入睡,但翻转使其腹部向上,松手后不能保持腹部向上的体位则不算入睡。

②本实验为定量实验,注射药量必须准确。给药后要仔细观察药物反应,但不可过多地翻动小鼠,以免影响实验结果。

③室温以 20 ℃为宜。

【思考题】

①半数有效量(ED_{50})测定的目的意义如何?

②小鼠如何分组,分为几组较为合适?

实验五十四 阿托品对乙酰胆碱的竞争性拮抗作用及 pA_2 值测定

【实验目的】

观察阿托品对乙酰胆碱的竞争性拮抗作用；掌握 pA_2 值的测定方法及其意义。

【实验原理】

pA_2 即拮抗参数，是一种表示竞争性拮抗剂作用强度的指标，指当有一定浓度的拮抗剂存在时，激动剂浓度提高到原来的 2 倍时所产生的效应恰好等于未加入拮抗剂时激动药所引起的效应，此时拮抗剂的摩尔浓度的负对数即拮抗参数 pA_2。pA_2 的值越大，说明拮抗剂的作用越强。

【实验材料】

①动物：豚鼠，雌雄不限，体重 250～350 g/只。

②器材：RM6240 多媒体生物信号记录分析系统，计算机，张力换能器，保温式麦氏浴槽，超级恒温水浴锅，“L”形通气钩和高位吊瓶，量筒，烧杯，氧气瓶，外科剪刀，眼科剪，眼科镊子，缝衣针，棉线和注射器。

③药品：3×10^{-3} mol/L 阿托品和 $(3\times10^{-6})\sim(3\times10^{-2})$ mol/L 乙酰胆碱（ACh）。

【实验方法】

①调试 RM6240 系统：在主菜单中选择“实验”“消化”“平滑肌生理特性”。在控制参数区选择“张力”，在主菜单中选择“示波”，进入示波状态。

②调节仪器：麦氏浴槽中加 30 mL 台氏液，调节温度（38±0.5）℃，氧气 2～3 个气泡/s。

3. 正式实验

（1）实验准备　棒击豚鼠头枕部处死，制备豚鼠回肠标本。用缝衣针在肠管标本两端各穿一线，一端打一空结（约 1 cm 小套），另一端穿上长线打结。眼科镊钳住空结固定于通气钩上置于麦氏浴槽内，将另一端长线的尽端打一空结，挂在张力换能器小钩上，将前负荷调节为 1 g，稳定标本 20 min 后进入“记录状态”，先描记一段正常曲线，然后向麦氏浴槽内加入 3×10^{-3} mol/L ACh 0.1 mL，观察曲线变化，以观察肠管是否产生兴奋作用，冲洗肠管，使其恢复至正常。

（2）ACh 累积量效曲线制备　按表 5-2 所给的剂量累积添加 ACh，制作 ACh 的累积量效曲线。先加小剂量 ACh，如有反应则当反应达最高峰时立即加下一剂量 ACh，直至曲线上升至最高峰不再升高为止。将系统转入“示波状态”，用台氏液冲洗肠管 3 遍，稳定标本 15 min，恢复至正常。

表 5-2 ACh 的剂量累积

编号	配制的 ACh 浓度/(mol/L)	ACh 加入量/(mL/30 mL)	浴槽中 ACh 的浓度/(mol/L)
1	3×10^{-6}	0.1	10^{-8}
2	3×10^{-6}	0.2	3×10^{-8}
3	3×10^{-5}	0.07	10^{-7}
4	3×10^{-5}	0.2	3×10^{-7}
5	3×10^{-4}	0.07	10^{-6}
6	3×10^{-4}	0.2	3×10^{-6}
7	3×10^{-3}	0.07	10^{-5}
8	3×10^{-3}	0.2	3×10^{-5}
9	3×10^{-2}	0.07	10^{-4}
10	3×10^{-2}	0.2	3×10^{-4}

(3)阿托品的拮抗作用 进入“记录状态”,向浴槽中加入 3×10^{-3} mol/L 阿托品 0.1 mL,1 min 后再一次如上所述制作 ACh 的累积浓度量效曲线。在主菜单下选择“结束实验”。激活工具栏,系统进入分析状态。

【实验结果】

①利用分析项分别测出正常状态及每次加药后的张力大小,最后以 ACh 引起最大收缩力为 100%,分别计算各剂量反应的百分率。

②再以各剂量反应的百分率为纵坐标,以剂量的负对数为横坐标,绘制剂量反应曲线。

③根据以下公式求出 pA_2 值:

$$pA_2=\frac{[C]}{\lg\frac{[B]}{[A]}}-1$$

式中,A 为无阿托品时,引起最大反应的 50%时所需 ACh 的浓度;B 为阿托品存在下,引起最大反应的 50%时所需 ACh 的浓度;C 为拮抗剂阿托品的浓度。

【注意事项】

①组织标本制备时应轻巧,避免牵拉、压迫;生理溶液的配制应十分准确;实验中注意浴槽内温度恒定,并注意浴槽内不断给予气体,有条件者可给予 95%的 O_2 和 5%的 CO_2。

②实验中以累加方式给药，每次给药后不冲洗标本。

③制作累积量效曲线时，需在前次给药的反应达到最大时再给下一剂量，直到标本对 ACh 的反应不再增加为止。

【思考题】

①为什么乙酰胆碱会引起肠段收缩，却引起血管舒张？

②对怀孕母畜是否可以使用拟胆碱类药物？为什么？

实验五十五　利尿药对麻醉家兔尿量及尿中钠、氯离子含量的影响

【实验目的】

学习急性利尿的实验方法，观察呋塞米对麻醉兔的利尿作用，学习测定尿液中钠离子和氯离子的方法。

【实验原理】

尿液中的钠离子与醋酸铀镁试剂作用，被沉淀为醋酸铀镁，然后以亚铁氯化钾和试剂中剩余的醋酸铀作用，使形成棕红色的亚铁氯化铀。尿液中钠的含量越多，剩余的醋酸铀越少，显色越淡。反之，钠的含量越少，剩余的醋酸铀越多，则显色越深。故从剩余的醋酸铀量，可间接计算出钠的含量，反应式如下：

$$NaCl+3(UO_2)(CH_3COO)_2+Mg(CHCOO)_2+CH_3COOH\rightarrow$$
$$(UO_2)_3MgNa(CHCOO)_9+HCl_2(UO_2)(CH_3COO)_2+K_4\{Fe(CN)_6\}\rightarrow$$
$$(UO_2)\{Fe(CN)_6\}+4CH_3COOK \text{ 棕红色}$$

用硝酸银试剂将尿液中的氯离子沉淀为氯化银。如硝酸银略有过量，便与铬酸银作用，形成橘红色的铬酸银。其反应式如下：

$$NaCl+AgNO_3\rightarrow AgCl\downarrow+NaNO_3$$
$$2AgNO_3+K_2CrO_4\rightarrow Ag_2CrO_4\downarrow+2KNO_3$$

一、家兔尿量的测定

【实验材料】

①动物：家兔，1.5～2.5 kg/只。

②试剂：25％乌拉坦溶液和 1％呋塞米溶液。

③器材：兔手术台，量筒，注射器和手术器械。

【实验方法】

①水负荷：灌胃给予自来水(每千克体重 40 mL)，避免灌至气管。

②麻醉：耳缘缓慢静脉注射25%乌拉坦溶液（每千克体重4 mL），随时观察角膜反射，反射消失即停止注射。

③手术：背位固定家兔，剪去下腹部被毛，于趾骨联合上方切开皮肤4～5 cm，并沿腹白线剪开肌肉，暴露膀胱，在少血管区作荷包缝合后行膀胱插管，在插管前要将插管里充满生理盐水。

④记录每2 min的正常尿量，连续记录10 min。

⑤耳缘静脉注射1%呋塞米溶液（按每千克体重0.4 mL），记录给药后2 min、4 min、6 min、8 min、10 min、12 min、14 min、16 min、18 min和20 min的尿量（每2 min的尿量）。

二、尿液中钠离子和氯离子的含量测定

测定体液中的钠离子以火焰光度法最为简便可靠，在没有火焰光度计的场合，也可用醋酸铀镁比色法来进行。测定体液中的氯离子则多用银滴定法。

（一）尿中钠离子的醋酸铀镁比色测定法

【实验器材】

1. 器材

光电比色计，冰箱，离心机，烧杯，试管和吸管。

2. 试剂

①醋酸铀镁试剂。取醋酸铀［$U_2(CH_3COO)_2 \cdot 2H_2O$］4 g、醋酸镁［$Mg(CH_3COO)_2 \cdot 4H_2O$］15 g、冰醋酸15 mL、加蒸馏水至100 mL，再加无水乙醇至500 mL，于冰箱中过夜。除去底层的微量沉淀，将上清液贮存于棕色试剂瓶中，置冰箱中备用。

②1%醋酸溶液（V/V）。

③10%亚铁氰化钾溶液。

④钠标准溶液

A. 当量钠溶液：取氯化钠（AR级）少许置于烧杯中，放置110～120 ℃烘箱内4 h，取出后置于干燥器内等待冷却，精密称取5.845 g置于100 mL容量瓶内，加蒸馏水至刻度。

B. 150 mEq/L钠标准液：准确吸取当量钠溶液15.0 mL，置于100 mL容量瓶内，加蒸馏水至刻度。

C. 250 mEq/L钠标准液：准确吸取当量钠溶液25.0 mL，置于100 mL容量瓶

内，加蒸馏水至刻度。

D. 200 mEq/L 钠标准液：准确吸取当量钠溶液 20.0 mL，置于 100 mL 容量瓶内，加蒸馏水至刻度。

【实验方法】

①收集各实验组相应时间内的尿液，分别合并混匀，测量总量。分别吸取各组尿液 5 mL，加入氢氧化钙 0.2 g，摇匀，放置 15 min，过滤，以除去磷酸盐类。

②将滤过的尿液与等量 200 mEq/L 钠标准液混合吸取 0.1 mL，按表 5-3 操作。

表 5-3 尿液中钠离子测定的操作方法 mL

步骤	空白管	标准管	测定管
与 200 mEq/钠标准液混合的尿液	—	—	0.1
150 mEq/L 标准液	—	0.1	—
250 mEq/L 标准液	0.1	—	—
醋酸铀镁试剂	5.0	5.0	5.0
以玻璃棒充分搅拌，使产生沉淀，试管加塞，置冰箱中 10 min，离心沉淀			
分别吸取上清液于另 3 只试管中	0.2	0.2	0.2
1%醋酸溶液	8.0	8.0	8.0
10%亚铁氰化钾溶液	0.4	0.4	0.4

混匀后，10 min 内用 520 nm 或绿色滤光片光电比色，以 250 mEq/L 钠标准管做空白管，校正光密度到 0 点，读取标准管（1 500 mEq/L 钠溶液）及测定管的读数。

【实验结果】

计算：

$$\left(250-\frac{\text{测定感光密度}}{\text{标准感光密度}}\times 100-100\right)\times 2=\text{Na}^{+}\ \text{mEq/L}$$

$$\text{Na}^{+}\ \text{mEq/L}\times 2.3=\text{Na}^{+}\ \text{mg/mL}$$

【注意事项】

①醋酸铀镁的加入量必须准确，否则将影响实验结果。

②操作时试管放入冰箱及离心沉淀时，均需加塞，以免试剂中乙醇浓度变化而影响结果。

③醋酸铀镁试剂中所含醇的浓度必须为 80%（*V*/*V*），否则影响钠的沉淀。

④尿中钾的浓度较高，与醋酸铀镁试剂作用后能与钠共同发生沉淀。但如将

尿液浓度提高至 150 mEq/L 以上时，则钠的干扰就不明显，因此宜在尿中事先加入适当浓度钠标准液，然后测定之，测定尿液与 200 mEq/L 钠标准液作等量混合，标准液与尿液均同时被稀释 2 倍，故须将测定结果扣除 100 mEq/L 后再乘以 2。

⑤本法测定尿钠之浓度范围为 0～250 mEq/L，如尿钠过高，加入钠标准后测定结果超过 250 mEq/L 时，则应不加钠标准液重行测定，或将尿液稀释后测定。

(二)尿中氯离子的银滴定法

【实验材料】

①器材：滴定管，吸管，白瓷蒸发皿。

②试剂

A. 硝酸银标准液(每 1 mL 相当于氯化钠 1 mg 或氯离子 0.606 mg)：准确称取纯硝酸银 2.063 g，置于 1 000 mL 容量瓶内，加蒸馏水少许使其溶解，再以蒸馏水稀释至刻度。

B. 20％铬酸钾溶液：称取铬酸钾(K_2CrO_4)20 g，用蒸馏水溶解并稀释至 100 mL。

【实验方法】

用吸管准确吸取尿液 1.0 mL，置于蒸发皿中，加蒸馏水 10 mL 和 20％铬酸钾溶液 2 滴，慢慢滴入硝酸银标准液，随滴摇摆，至呈不褪色的橘红色为止。记录所消耗硝酸银标准液的毫升数。

【实验结果】

根据滴定时所消耗的硝酸银标准液量进行计算：

$[Cl^-]$mg/100 mL= 硝酸银标准液量 mL×0.606×100。

【思考题】

①试分析尿液生成的主要环节，讨论各因素影响尿生成的机理。

②简述钠离子和氯离子的排泄机制。

实验五十六　组胺对离体豚鼠回肠的作用及量效曲线绘制、pD_2测定

【实验目的】

以组胺对离体豚鼠回肠平滑肌影响的实验为例学习药物量-效关系的测定方法，掌握亲和力指数(pD_2)的计算方法。

【实验原理】

药物的“量效关系”是指在一定剂量范围内，药物的剂量与药理效应成正相关。量效关系可用量效曲线表示，若以效应强度为纵坐标，药物剂量为横坐标，可得一

直方双曲线；若以效应强度为纵坐标，药物的对数剂量（浓度）大小为横坐标绘制量效曲线图，则呈现典型的对称“S”形曲线。组胺通过作用于肠道 H_1 受体引起豚鼠肠道平滑肌收缩，随着剂量的增加，肠道平滑肌的收缩幅度也相应增加。本实验通过不同浓度组胺对离体豚鼠回肠平滑肌运动的影响为例来说明药物的量效关系。

亲和力指数（pD_2）为受体激动药引起 50％最大效应所需的摩尔浓度的负对数值，反映药物与受体亲和力的大小，pD_2 值越大，表示亲和力越大。

【实验材料】

①动物：豚鼠，体重 200～300 g/只。

②器材：恒温平滑肌槽实验装置一套（麦氏浴槽、恒温装置、万能支架、充气球胆、通气钩、双凹夹、螺旋夹各一个），生物信号采集系统，张力换能器，计算机，1 mL、0.25 mL 的注射器及微量注射器各 1 支，针头 2 个，培养皿 1 个，50 mL 烧杯 2 个，普通剪刀，组织剪，眼科剪，眼科镊各 1 把，止血钳 3 把，丝线若干。

③药品：磷酸组胺溶液（浓度：3×10^{-7} mol/L，3×10^{-6} mol/L，3×10^{-5} mol/L，3×10^{-4} mol/L，3×10^{-3} mol/L）和台氏液。

【实验方法】

①制备豚鼠回肠段 2 cm/段（回盲交界处最好）。向恒温仪的浴槽中加 30 mL 台氏液（水温自动保持在 37 ℃±0.5 ℃），通入氧气（95％的氧和 5％的二氧化碳；调节气泡大小，以不影响肠管收缩为宜）。然后取上述回肠，两端用挂钩挂住，一端系在通气钩上，放入浴槽，另一端挂在张力换能器上。

②打开计算机，进入生物信号处理系统，选择“实验项目”中的“消化道平滑肌的生理特性”模块或“张力”模块，调节适当的实验参数，开始实验。

③观察项目

A. 先使回肠在浴槽内稳定约 10 min，记录一段基线，待基线稳定后，再在浴槽内滴加药液。

B. 依次加入不同浓度的磷酸组胺溶液：①$3\times10^{-7}$ mol/L 0.1 mL；②$3\times10^{-7}$ mol/L 0.2 mL；③$3\times10^{-6}$ mol/L 0.07 mL；④$3\times10^{-6}$ mol/L 0.2 mL；⑤$3\times10^{-5}$ mol/L 0.07 mL；⑥$3\times10^{-5}$ mol/L 0.2 mL；⑦$3\times10^{-4}$ mol/L 0.07 mL；⑧$3\times10^{-4}$ mol/L 0.2 mL；⑨$3\times10^{-3}$ mol/L 0.07 mL；⑩3×10^{-3} mol/L 0.2 mL。

每次加药后，仔细观察，当肠段收缩曲线到顶点开始出现下降支后再加下一个剂量，直到收缩达到最大效应。描记不同浓度磷酸组胺溶液所致的肠道收缩曲线。

【实验结果】

①绘制量效曲线(图 5-1),同时填写表 5-4。

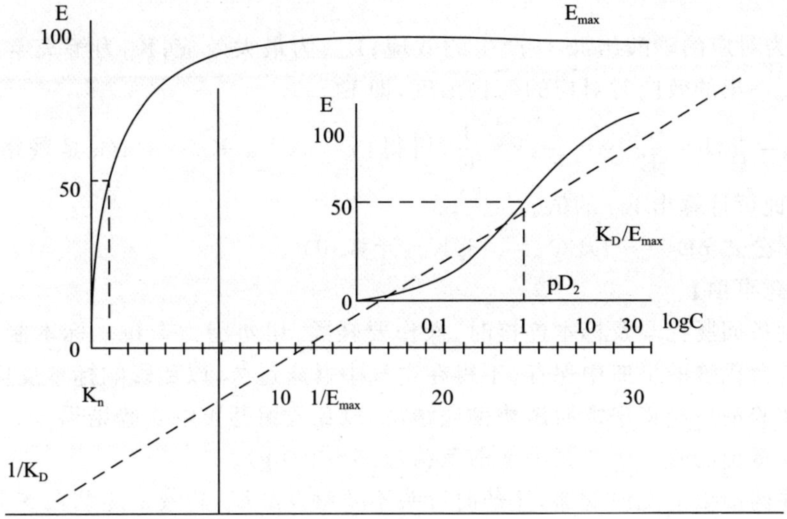

图 5-1　量效曲线

表 5-4　药物量效关系数据

加药次数	D	lgD	1/D	E(g)	1/E(y)	E/E_{max}(100%)
1	10^{-9}	−9	10^9	测得值	y1	Y1
2	3×10^{-9}	−8.523	$1/3\times10^9$	初张力	y2	Y2
3	10^{-8}	−8	10^8		y3	Y3
4	3×10^{-8}	−7.523	$1/3\times10^8$		y4	Y4
5	10^{-7}	−7	10^7		y5	Y5
6	3×10^{-7}	−6.523	$1/3\times10^7$		y6	Y6
7	10^{-6}	−6	10^6	⋮	y7	Y7
8	3×10^{-6}	−5.523	$1/3\times10^6$		y8	Y8
9	10^{-5}	−5	10^5	E_{max}	y9	Y9
10	3×10^{-5}	−4.523	$1/3\times10^5$		y10	Y10

注:D 表示药物的剂量;E 表示效应;E_{max}为最大效应。

②计算 pD_2

$$\frac{E}{E_{max}}=\frac{D}{K_D+D}\Rightarrow\frac{E_{max}}{E}=\frac{D+K_D}{D}\Rightarrow\frac{1}{E}=\frac{1}{E_{max}}+\frac{K_D}{E_{max}}\times\frac{1}{D}$$

式中，E 为对应的磷酸组胺 D 产生的效应；E_{max} 为最大效应；K_D 为解离常数，等于引起 E_{max} 一半的效应时对应的药物浓度，即 EC_{50}。

令 $a=\frac{1}{E}$，$b=\frac{K_D}{E}$，$y=\frac{1}{E}$，$x=\frac{1}{D}$，可得：$y=bx+a$，$K_D=b/a$（a 是截距，b 是斜率）。由此可计算出 K_D 的值。

根据公式 $pD_2=-\lg EC_{50}=-\lg K_D$，计算 pD_2。

【注意事项】

①制备回肠标本及标本连接时，操作要轻柔，切勿用力牵拉。标本制好后，要放在盛有台氏液的平皿中保存，不得在空气中暴露过久，以免影响标本反应性。

②实验前后应将平滑肌浴槽彻底清洗，以免残留药影响实验结果。

③注意给肠管一个初张力或前负荷（1.5～2.0 g）。

④注药前要清洗注射器，注药时针头不要触及细线，药液不能贴在壁上。

⑤台氏液、组胺必须新鲜配制。

⑥本装置缺点：液体易从通氧管流出；功率大，为 1 500 W，要防电击。

⑦选择豚鼠是因为豚鼠对组胺比较敏感。

【思考题】

①K_D 是受体动力学的重要参数之一，其意义是什么？

②pD_2 计算值和理论值存在误差，怎样进行分析？

实验五十七　药物对离体小肠、气管条、子宫平滑肌收缩性的影响

【实验目的】

①观察不同药物对离体小肠、气管条、子宫平滑肌收缩性的影响。

②学习离体平滑肌灌流的实验方法。

③研究不同药物的药理作用。

【实验原理】

哺乳动物平滑肌具有肌组织共有的特性，如兴奋性、传导性和收缩性等。作用于传出神经系统的药物可通过兴奋不同的受体或阻断受体的兴奋来影响平滑肌的活动。不同部位的平滑肌细胞膜上受体种类、数量不同，如肠道平滑肌上主要分布有 α_2、β_2 和 M_3 受体，支气管平滑肌上主要分布有 β_2 和 M_3 受体，子宫平滑肌上则主

要分布有 α_1、β_2 和 M_3 受体。受体分布的差异决定了不同药物对不同平滑肌的兴奋性、传导性和收缩性具有不同的特点。

【实验材料】

①动物：发情期雌性家兔1只。

②器材：HW-400E恒温平滑肌槽3台，生物信号采集处理系统1台，JZ101型张力换能器3个，烧杯，手术剪刀，眼科剪和注射器。

③药品：0.01%乙酰胆碱溶液，0.1%肾上腺素，0.01%阿托品溶液，0.1 U/mL垂体后叶素溶液和台氏液。

【实验方法】

①HW-400E恒温平滑肌槽的准备：将3台HW-400E恒温平滑肌槽排液口和排水口关闭，恒温平滑肌槽内均添加自来水至正常水位，3个实验药筒内分别加入台氏液。打开开关，调节气量旋钮及温度设定。

②家兔离体平滑肌标本的制备：用一木棍横置家兔颈部，两脚踩木棍，两手拉家兔后肢用力上提，使颈椎离断。迅速剖开腹腔及颈部，取十二指肠段、子宫段及气管条，洗净内容物。两端细线结扎后置于温台氏液中，待稳定5 min后，分别通过3个张力换能器连接3台恒温平滑肌槽实验片及生物信号采集处理系统3个通道。

③参数设置：打开生物信号采集处理系统窗口，将设置调为“标准配置”。进行实验配置向导。选择1、2、3通道，放大倍数分别为：小肠100、子宫500、气管1 000，处理名称均为“张力”，均选择连续记录模式，采样间隔均为1 ms。通过生物信号采集处理系统记录三者的收缩曲线，分别加入不同药物，观察曲线变化。

④HW-400E恒温平滑肌槽的关闭：先关闭电源，再将槽内的水及实验药筒内的台氏液排净，用蒸馏水冲洗实验药筒，以防止药品腐蚀、堵塞。

【实验结果】

实验结束后，处理曲线，删除无效曲线，保留有效曲线。通过“区段测量”分析并保存实验数据。

【注意事项】

①肠段标本与张力换能器之间的连线要与水平面保持垂直，松紧适当，并且使之不与浴槽壁相摩擦。观察肠段运动方向和计算机屏幕上的记录曲线是否一致，即收缩时，曲线上升；舒张时，曲线下降。否则，可将张力换能器旋转180°。

②在加药前，必须先准备好更换用的38 ℃台氏液。

③每次加药出现效果后，必须立即更换浴槽内的台氏液，待肠段恢复正常活动后再观察下一个项目。

【思考题】

查阅大量文献后得知，某药用植物单体功能成分 A 具有收缩平滑肌的作用，请设计一实验验证。

实验五十八 氢化可的松的抗炎作用及机制

【实验目的】

学习用角叉莱胶引起大鼠足跖急性炎症肿胀的方法，观察氢化可的松的抗炎作用。

【实验原理】

炎症的基本病理改变是变性、渗出和增生。大鼠足跖皮下注射致炎剂角叉莱胶，可构建急性炎症模型，引起大鼠足跖炎性肿胀。通过测量踝关节处周长，可观察肿胀程度，并可观察药物的抗炎作用。PGE_2 是炎症介质，通过测定 PGE_2 含量，可知药物抑制 PGE_2 是其抗炎机制之一。

【实验材料】

①动物：雄性大鼠，体重 120～180 g/只。

②器材：天平，鼠笼，台式恒温水浴，721 紫外可见分光光度计，台式离心机，注射器(0.5 mL，2 mL)，刻度离心试管(20 mL)，手套，软尺，手术剪和记号笔。

③药品：甲醇，0.5 mol/L KOH-甲醇溶液，0.5%氢化可的松注射液，50%乙醇，1%角叉莱胶和生理盐水。

【实验方法】

1.氢化可的松的抗炎作用

①将 16 只大鼠称重，编号。将大鼠右后足拉直，用记号笔在踝关节处做标记，并用软尺在关节标记处测定周长 2 次，求其平均值作为给药前周长。

②将大鼠随机分为给药组和对照组，每组 8 只。给药组腹腔注射氢化可的松(每 100 克体重 0.6 mL)，对照组腹腔注射等容量 50%乙醇。

③给药 15 min 后，于右后足跖皮下向关节方向注射 1%角叉莱胶 0.1 mL/只，分别于注射后 15、30、45、60、90 和 120 min 测量每只大鼠右后关节处周长，计算肿胀度。

2.机制探讨

①处死大鼠，在踝关节上 0.5 cm 处剪下右后足，称重，剥皮，剪碎后放入刻度试管中，用生理盐水 5 mL 浸泡 1 min。

②取出足爪，3 000 r/min 离心浸泡液 3 min。吸取上清液 0.1 mL，加入 0.5 mol/L KOH-甲醇溶液 2 mL 后，将试管置于 50 ℃恒温水浴中异构化 20 min。

③取 0.5 mL 样品用甲醇稀释至 20 mL，在分光光度计上 278 nm 处测定其光密度(OD)值。PGE_2 含量以每克炎性组织相当的吸收光密度值表示。

【实验结果】

①测量不同时间点踝关节周长，计算不同时间点的肿胀度，并将数据填入表 5-5。

$$肿胀度=(致炎后周长-给药前周长)/给药前周长\times100\%$$

表 5-5　氢化可的松的抗炎作用

组别	鼠号	足爪重/g	注射角叉菜胶后不同时间(min)右后足踝关节周长/肿胀度						PGE_2 含量 OD 值
			15	30	45	60	90	120	

②以肿胀度为纵坐标，时间为横坐标，分别绘出给药组与对照组作用的时效曲线。

③分别计算出给药组与对照组右后足 PGE_2 含量，并将数据填入表中，对结果进行组间对照 t 检验。

$$PGE_2含量=\frac{光密度值\ OD}{足爪重}$$

【注意事项】

①用软尺测量关节周长，应由同一人来操作。

②测量足跖或踝关节周长时，每次需在同一位置。

【思考题】

①糖皮质激素类药物抗炎机制是什么？

②兽医临床上，一些感染性疾病的治疗方案中常用到糖皮质激素类药物，你对此有什么评价？

实验五十九　高效液相色谱法测定家兔血浆中的阿司匹林含量

【实验目的】

通过实验，掌握高效液相色谱仪的使用，以及家兔血浆中阿司匹林的含量测定方法。

【实验原理】

高效液相色谱仪的系统由储液器、泵、进样器、色谱柱、检测器和记录仪等几部分组成。储液器中的流动相被高压泵打入系统，样品溶液经进样器进入流动相，被流动相载入色谱柱(固定相)内，由于样品溶液中的各组分在两相中具有不同的分配系数，在两相中做相对运动时，经过反复多次的吸附-解吸的分配过程，各组分在移动速度上产生较大的差别，被分离成单个组分依次从柱内流出，通过检测器时，样品浓度被转换成电信号传送到记录仪，数据以图谱形式打印出来。

阿司匹林是一种解热、镇痛、抗炎药，在 276 nm 处有吸收峰，可通过紫外检测器检测其响应从而计算其在血浆中的含量。

【实验材料】

①动物：家兔 2 只，性别相同，体重(2.5±0.5)kg/只。

②器材：电子天平，高速离心机，LC-2010AHT 型高效液相色谱仪，紫外检测器，氮吹仪，抽滤装置，烧杯，离心管，吸管，注射器和小玻璃棒。

③药品：阿司匹林对照品，10%阿司匹林溶液，肝素钠，磷酸二氢钾(分析纯)，三乙胺(分析纯)，乙酸乙酯(分析纯)，乙腈(色谱纯)和超纯水。

【实验方法】

取家兔 2 只，分别从耳缘静脉抽取空白血浆 2 mL，每只按每千克体重 12 mg 灌胃阿司匹林溶液，分别于灌胃后 0.5、1 和 2 h 从耳缘静脉采血 2 mL 放入有肝素钠的离心管中，立即加入氟化钾(50%，10 μL/mL)，3 000 r/min 离心 10 min，取上清液置于－20 ℃冰箱中保存。

1. 色谱条件

色谱柱：AgilentODS-C18，4.6 mm×25 mm，5 μm；流动相：乙腈-四氢呋喃-冰醋酸-水(20∶5∶5∶70)；检测波长为 276 nm；流速：1 mL/min；进样量：20 μL；柱温：30 ℃。

2. 血浆样品的处理

取待测血浆 0.2 mL，置于 5 mL 离心管中，依次加入乙腈 200 μL，盐酸酸化试剂 100 μL，涡旋 30 s，再加入乙酸乙酯 2 mL，涡旋 60 s，离心 10 min(3 500 r/min)，吸取有机层，40 ℃氮气流吹干，残渣用 200 μL 流动相溶解，涡旋 30 s，过0.45 μm 滤膜，取滤液进样 20 μL，记录色谱图。

3. 分析方法验证

(1)专属性考察　取空白血浆、含有一定质量浓度阿司匹林标准溶液的血浆、血浆样品，分别按血浆样品处理方法进行处理，记录色谱图。

(2)标准曲线的绘制　精密称取阿司匹林对照品 50 mg,用甲醇定容至 50 mL,得到 1 mg/mL 阿司匹林储备液。精密吸取 1 mL 储备液于 10 mL 容量瓶定容,从稀释液中分别吸取适量的体积到血浆中,使添加质量浓度分别为 1、2、5、10 和 20 μg/mL 的系列溶液。分别按"2"中处理方法进行处理,以血浆中的药物浓度为横坐标,相对应的峰面积为纵坐标进行回归计算,求得标准曲线的回归方程,相关系数 R^2 应大于 0.999,利用标准曲线法进行定量分析,计算公式如下:

$$\text{校正因子}:\mathrm{RF}(X_i)=\frac{\text{标样浓度 } c(X_i)}{\text{标样响应值 } R(X_i)}$$

$$\text{未知组分浓度}:c_i=RF(X_i)\times\text{样品响应值 } A_i$$

【实验结果】

①请提供空白血浆、阿司匹林标准溶液和血浆样品的色谱图。

②请绘制出阿司匹林的标准曲线,并提供回归方程。

③请计算给药后兔血浆中的阿司匹林质量浓度记录于表 5-6 中。

表 5-6　兔血浆中的阿司匹林质量浓度　μg/mL

编号	注射剂量	0.5 h	1 h	2 h
1				
2				

【注意事项】

①正确使用高效液相色谱仪,严格按操作规程进行操作。

②采血后要立即加入氟化钾,阻断酶系对阿司匹林的水解。

③制作标准曲线的标准溶液必须准确配制,否则会使求得的试样浓度产生误差。

【思考题】

①简单介绍高效液相色谱的基本操作步骤。

②根据实验结果,分析高效液相色谱法如何定量家兔血浆中的阿司匹林含量。

实验六十　大肠埃希菌对β-内酰胺环类耐药机制实验

【实验目的】

了解大肠埃希菌产生β-内酰胺酶种类及其耐药机制,掌握应用 PCR 技术检测β-内酰胺酶耐药基因的基本方法。

【实验原理】

阴性菌对β-内酰胺环类抗生素产生的耐药机制，主要是β-内酰胺酶，后者作用于β-内酰胺类抗生素的β-内酰胺环，使β-内酰胺键裂开而失去抗菌活性。β-内酰胺酶主要包括：TEM（bla_{TEM}）、SHV（bla_{SHV}）、CTX-M（$bla_{CTX\text{-}M}$）、OXA 型（bla_{OXA}）和其他型 5 种。

聚合酶链反应（Polymerase chain reaction，PCR）是 20 世纪 80 年代中期发展起来的体外核酸扩增技术。它具有特异、敏感、产率高、快速、简便、重复性好、易自动化等突出优点。其工作原理为：在模板、引物和 4 种脱氧核糖核酸存在的条件下依赖于 DNA 聚合酶的酶促反应。PCR 反应分 3 步：①变性；②退火；③延伸。在 DNA 聚合酶和 4 种 dNTP 底物及 Mg^{2+} 存在的条件下，以引物为起始点，以 5′→3′方向的 DNA 链延伸反应。

琼脂糖凝胶电泳是用于分离、鉴定和提纯 DNA 片段的标准方法。琼脂糖是从琼脂中提取的一种多糖，具亲水性，但不带电荷，是一种很好的电泳支持物。DNA 在碱性条件下（pH 8.0 的缓冲液）带负电荷，在电场中通过凝胶介质向正极移动，不同 DNA 分子片段由于分子和构型不同，在电场中的泳动速率也不同。荧光染料可嵌入 DNA 分子碱基对间形成荧光络合物，经紫外线照射后，可分出不同的区带，达到分离、鉴定分子量，筛选重组子的目的。

【实验材料】

①菌株：已通过表型确证实验，证明为产β-内酰胺酶的可疑大肠埃希菌菌株。

②引物：通过 primer 5.0 设计引物，已送相关分子基因公司合成。引物序列见表 5-7。

表 5-7 临床常见β-内酰胺酶基因的 PCR 扩增引物序列

靶位点	引物名称	引物序列（5′→3′）	片段大小/bp	退火温度/℃
bla_{TEM}	TEM-F	GGGGATGAGTATTCAACATTTCC	861	57
	TEM-R	GGGCAGTTACCAATGCTTAATCA		
bla_{SHV}	SHV-F	TTTATCGGCCYTCACTCAAGG	930	57
	SHV-R	GCTGCGGGCCGGATAACG		
bla_{CTX-M}	CTX-UF	ATGTGCAGTACCAGTAAAGT	593	57
	CTX-UR	TGGGTRAAGTARGTCACCAGAA		
bla_{OXA}	OXA-F	TTTCTGTTGTTTGGGTTT	517	57
	OXA-R	TTCTTGGCTTTTATGCTT		

注：R 代表 A 或 G。

③试剂:DL 2000 DNA Marker,2×Taq MasterMix 酶,琼脂糖 TE 缓冲液、50×TAE,荧光染料 GelRed 和去离子水。

④仪器:PCR 仪,电泳槽,凝胶成像系统,离心机,电子天平,称量纸,药勺,电磁炉,微波炉,烧杯,试管,1 mL 离心管,50 μL 离心管,锥形瓶,100 mL 量筒,1 000 mL 量筒,试管架,移液器和枪头。

【实验方法】

一、DNA 模板的制备

①吸取 LB 肉汤中培养好菌液 1 mL 至离心管中,5 000 rmp/min,离心 5 min。

②加入 200 μL 的 TE 缓冲液,沸水加热 3 min 后,混匀。

③再次置于沸水中加热 5 min～10 min,15 000 rmp/min 离心 5 min。

④吸取上清液至一个新的 1.5 mL 离心管中,－20 ℃保存。

二、引物稀释

①将装有引物的离心管放入离心机,10 000 r/min,离心 2 min。

②根据引物的标签说明,加去离子水稀释、混匀。

三、PCR

总反应体系为 50 μL:

2×Taq MasterMix 酶	25 μL
引物	F:1 μL;R:1 μL
模板	3 μL
去离子水	20 μL

bla_{TEM}、bla_{SHV}、$bla_{CTX\text{-}M}$、bla_{OXA}:94 ℃预变性 5 min,94 ℃变性 45 s,退火57 ℃ 45 s,72 ℃延伸 1 min 循环 30 次,最后 72 ℃延伸 7 min。

四、琼脂糖凝胶电泳

1.配置 1 000 mL 的 1×TAE 电泳液

用 100 mL 的量筒量取 20 mL 的 50×TAE,倒入专用的容器中,然后加 980 mL 的去离子水。

2.配置 1%的琼脂糖凝胶

①分子天平称取 1 g 琼脂糖,加入专用的锥形瓶中,然后加 100 mL 的

1×TAE。

②配置好的1%琼脂糖放入微波炉中加热，直至琼脂糖完全溶解，溶液澄清，然后取出锥形瓶，用专用的移液器吸取适量GelRed加入琼脂糖溶液中，再混匀加热30 s取出。

3.胶板的制备

根据样品数量选用合适的胶槽放入胶板中，插上合适的样品梳子，将配置好的琼脂糖溶液倒入胶槽中，冷却20 min。

4.电泳

①在电泳槽中加入1×TAE电泳液，使电泳液能够覆盖住琼脂糖凝胶。

②拔掉梳子，将琼脂糖凝胶（与胶槽一起）放入电泳槽中。

③使用10 μL移液器进行加样，每个样品吸取7 μL，第一孔一般为Marker，记录好样品顺序，电泳仪电压设置为100 V，电泳时间为30～40 min。

5.凝胶成像

凝胶成像系统观察结果并摄像。

五、测序及分析

将PCR阳性产物测序，测序结果在NCBI上比对，确定其基因型。

【注意事项】

①煮沸裂解时不要将试管口对准人群，以免试管塞由于加热蹦出砸伤人。

②使用离心机时，一定要注意配平。

③电泳时，电泳液一定要覆盖住琼脂糖凝胶。

【思考题】

①简述PCR工作原理。

②根据测序结果，分析基因序列，确定基因型。

实验六十一　血液和肝组织中磺胺类药物浓度的测定

【实验目的】

学习血液和肝组织中磺胺类药物浓度的测定方法。

【实验原理】

在苯环4位上有游离氨基的磺胺类药物都可在酸性溶液中与亚硝酸钠反应形成重氮盐，后者可在碱性溶液中与麝香草酚反应，生成橙红色的偶氮化合物，然后利用光电比色法测定血液和组织中磺胺类药物的含量。

【实验材料】

①动物：小鼠2只，每只体重25 g以上。

②器材：1 mL注射器，小鼠灌胃针头，剪刀，镊子，匀浆器，小漏斗，量筒，刻度吸管，试管，试管架，滤纸，721型分光光度计或光电比色计。

③药品：10%磺胺异噁唑混悬液（或10%磺胺嘧啶混悬液），5%三氯醋酸溶液，0.5%亚硝酸钠溶液和0.5%麝香草酚酸溶液（用20%氢氧化钠配制），生理盐水。

【实验方法】

①禁食12 h的小鼠，编号称重。1号鼠用10%磺胺异噁唑混悬液按每10克体重0.2 mL灌胃，2号鼠用等量生理盐水灌胃。

②给药后60 min，两鼠摘除眼球（或断头），取血0.2 mL，加入预先置有5%三氯醋酸溶液7.8 mL的试管内，充分振摇，10 min后用滤纸过滤，取澄清的滤液标号待用。

③取血后将小鼠立即处死，从腹腔取出肝脏，称取肝组织0.4 g，放入匀浆器中，加入5%三氯醋酸溶液4 mL进行研磨。将匀浆倒入20 mL量筒中，如发现匀浆器中仍有较大组织块时，可再加入5%三氯醋酸溶液2～3 mL，继续研磨，匀浆也倒入20 mL量筒中，最后用适量5%三氯醋酸溶液冲洗匀浆器，洗液一起倒入量筒中，使总量达到16 mL。将全部匀浆摇匀，放置10 min后过滤，滤液标号待用。

④取1、2号鼠的血、肝组织滤液各4.5 mL，放置在已标号的试管中，加入0.5%亚硝酸钠溶液0.5 mL，振摇并放置2 min后再加入0.5%麝香草酚溶液1 mL摇匀。显色后用721型分光光度计或光电比色计，选用510 nm或520 nm波长滤光片进行比色。测定1号鼠的各种样品时均以2号鼠的相应样品作对照管，得到光密度读数后从标准曲线上查出样品中游离磺胺类药物的浓度（mg%）。

⑤标准曲线的制备：取试管8支，编号后每管加5%三氯醋酸溶液7.8 mL，再依次在1～7管中各加100、80、60、40、20、10和5 mg/dL的磺胺异噁唑溶液0.2 mL，第8管加蒸馏水0.2 mL，摇匀。从每管中取液体4.5 mL，分别移于另外8支试管中，按(4)中步骤加入试液，摇匀，作比色测定。以第8管作为空白对照，读取其他各管的光密度。以光密度（OD）为纵坐标，药物浓度（mg%）为横坐标，绘制出磺胺异噁唑的比色测定标准曲线，或者用SPSS软件计算出标准曲线方程。

【实验结果】

实验结果记录于表 5-8 中。

表 5-8 不同时间点小鼠血液和肝组织中磺胺异噁唑的浓度

鼠号	体重/g	药物剂量/mL	给药途径	材料	取样时间	浓度/(mg/dL)
1				血液		
				肝脏		
2				血液		
				肝脏		

【注意事项】

①血和肝组织匀浆经三氯醋酸沉淀过滤时，滤液必须澄清才能用来测定，如果不澄清，应重复过滤。

②每次加入的试剂体积必须准确，充分摇匀后再加入下一种试剂。

【思考题】

①结合本次实验结果，试述磺胺异噁唑或磺胺嘧啶的体内代谢过程。

②研究药物代谢动力学的主要目的是什么？

实验六十二 抗菌药物抗菌后效应(PAE)及防突变浓度(MPC)的测定

【实验目的】

掌握抗菌药物抗菌后效应(PAE)及防突变浓度(MPC)的测定方法。

【实验原理】

抗菌后效应(post-antibiotic effect，PAE)：系指抗菌药与细菌短暂接触后，药物浓度逐渐下降，在低于最小抑菌浓度，或药物全部排出(被清除)以后，细菌生长仍受持续抑制的效应。PAE 的体外测定方法是：将受试菌与一定浓度的抗菌药短暂接触后，清除抗菌药，然后与未处理的对照组比较细菌恢复再生长时间：按公式 $PAE=T-C$ 计算。式中，T 和 C 分别为实验组与对照组细菌恢复生长所需要的时间(h)。

几乎所有的抗菌药物都有 PAE，PAE 时间长短反映药物对其作用靶位的亲和力和占据程度的大小，并与药物浓度及接触的时间长短有关。一般而言，PAE 时间越长，其抗菌活性越强，故 PAE 是评价抗菌药物活性的重要指标之一。PAE 与药动学研究相结合，在保证疗效的前提下，可延长给药间隔，减少给药次数，从而达到减少副作用，节约药品费用。故 PAE 也是设计合理给药方案的重要参考指标。

防突变浓度(mutant prevention concentration,MPC):是指防止单次耐药突变菌株被选择性富集扩增所需要的最低抗菌药物浓度。细菌出现耐药必须具备2个条件:①出现耐药突变菌株;②该耐药突变菌株在菌群中得到选择性优势增菌(富集扩增)。通常情况下,细菌在繁殖过程中会因为自发的遗传变异等原因而产生耐药突变菌,但出现的频率较低,一般需要菌落数目达到10^7时,才有可能出现1个耐药突变菌株。细菌数量达到10^{14}时,才可能出现同时发生2次耐药突变的菌株。临床中,感染部位可达到10^{10} CFU,但不可能达到10^{14} CFU,因此将没有双重突变菌株供选择。当抗菌药物达到MPC时,病原菌要生长必须同时发生2次或更多次耐药突变,而同时发生2次耐药突变的频率约为10^{-14},这样选择出耐药突变株的概率将大大减小。当药物浓度达到MPC的速度快,持续时间长,则可以避免或减缓细菌耐药性的发生。

【实验材料】

①菌种:大肠埃希菌。

②器材:微量移液器,试管和平皿。

③试剂:营养肉汤,营养琼脂,MH肉汤,MH琼脂,庆大霉素,环丙沙星和氟苯尼考(任选1种)。

【实验方法】

1. 体外PAE的测定方法

①按前面实验中最小抑菌浓度(MIC)的测定方法测定庆大霉素、环丙沙星、氟苯尼考(任选1种)对大肠埃希菌的MIC。

②分别取20×MIC(或40×、80×MIC)的药液各0.2 mL与1.8 mL浊度为10^7～10^8 CFU/mL对数生长期的菌悬液置3支试管中,此为实验管(T),同时设C1、C2 2个对照管(为0.2 mL无菌生理盐水与1.8 mL菌液),各管混匀后,置37 ℃恒温水浴中培养2 h。各管药物浓度分别为2×MIC、4×MIC、8×MIC、0×MIC。

③取上述各实验管药物-细菌混合物及对照管C1、C2中的液体,用37 ℃预温的营养肉汤1 000倍稀释除药(用微量移液器取上述试管中的液体各0.01 mL分别加至5支有9.99 mL 37 ℃预温新鲜营养肉汤的试管中);并在C2对照管中加入一定量的药物,使其中的药物浓度相当于80×MIC实验管中被1 000倍稀释后的药物浓度,作为非残留药物造成PAE的对照。

④以上各管混匀后,立即置37 ℃恒温水浴中孵育,计为重建后零时。

⑤于重建后0、1、2、3、4、5和6 h,分别取菌液0.1 mL作系列稀释,于琼脂平

板上进行细菌计数，得出 CFU/mL 值(重复 3 次求均值)。

⑥以各时间点 CFU/mL 值的常用对数(lg)为纵轴，以孵育时间(h)为横轴，建立对照管或实验管重建后恢复生长的动力学曲线。

⑦PAE 计算：由细菌生长的生长动力学曲线计算出 T、C，按公式计算

$$PAE=T-C$$

式中，T、C 分别为实验管或对照管细菌的 CFU/mL 值高于重建后零时 10 倍(1 lg CFU/mL)所需时间(h)。

【实验结果】

绘制各管中细菌生长的生长动力学曲线，计算 PAE。

【注意事项】

①抗菌药物的 PAE 体现出一定的浓度依赖性，随着药物浓度的增加，PAE 均有增加的趋势，但过高的浓度并不能使其 PAE 不断增加，不同药物达到一定浓度时，其 PAE 不再增加。

②目前对药物与微生物接触的时间对 PAE 影响的研究很少。一般来说，细菌与抗菌药接触的时间越长，其 PAE 越长。当相互接触时间由 1 h 增加至 2 h 时，对 PAE 的影响相当于抗菌药药物浓度增加 1 倍时所产生的影响。

2. MPC 的测定

①含药琼脂平板的配制：配制环丙沙星的 MH 琼脂平板，以环丙沙星的 MIC 为最低浓度，通过二倍稀释法配制 1×MIC，2×MIC，4×MIC，8×MIC，多个浓度系列的琼脂平板，每个浓度 4 个平板。

②菌悬液制备：从新鲜过夜培养的细菌平板上挑取单个菌落接种于 20 mL MH 肉汤中，37 ℃ 120 次/min 震荡过夜培养，3 000 r/min 离心富集后弃上清液，再悬浮在 200 mL MH 肉汤中，震荡培养 6 h，3 000 r/min 离心弃上清液，调整菌液浓度为 3×10^{10} CFU/mL。

③MPC 的测定：分别用微量加样器取 100 μL 3×10^{10} CFU/mL 菌液均匀涂布于含不同浓度药物的 MH 平板上，每个浓度 4 个平板，使每个药物浓度的细菌接种量为 1.2×10^{10} CFU。37 ℃培养 72 h，每隔 24 h(即 24、48 和 72 h)做一次细菌计数，直至菌落数稳定，观察细菌生长情况。

④以孵育 72 h 后仍无菌落生长的最低药物浓度为 MPC。

⑤对接近 MPC 药物浓度筛选出来的菌株接种于无药物的 MH 平皿，传代 2 次后再接种于原筛选药物浓度的平板上，以确定其是否为耐药突变株。以上实验重复 2 次，取其均值。

⑥计算选择指数：MIC 与 MPC 之间的浓度范围为突变选择窗（mutant selection window，MSW），以 MIC 为下界，MPC 为上界，抗菌药物存在一个最易筛选出耐药突变菌的危险浓度区域。只有抗菌药物的浓度在突变选择窗内时，耐药突变株才可能会被选择性富集扩增，导致耐药。MSW 的宽窄可通过选择指数（selection index，SI）来评价：

$$SI=MPC/MIC$$

SI 指数越小，表明抑制耐药突变株选择的能力越强。选择药物浓度既高于 MIC，又高于 MPC 的药物，就可关闭 MSW，减缓或避免耐药性的发生。

【实验结果】

记录本实验的 MPC，计算 SI。

【思考题】

①根据实验，分析 PAE 的临床意义。

②分析 MPC、MSW 理论对新药研发的指导意义。

实验六十三 中药提取物的体外抑菌实验

【实验目的】

中医药是一个伟大的宝库，在新发疫情的情况下，如 2020 年发生的新型冠状病毒性肺炎的防治中，中医药防治具有十分独特而重要的作用。通过实验，掌握中药提取物体外抑菌实验的操作方法、步骤和抑菌效果的计算方法，了解中药提取物对常见病原菌的抑制或杀灭作用的原理及意义，增强学习中医药的信心和文化自信。

【实验原理】

借鉴化学药品的研究方法是中医药研究现代化的重要手段。与化学药品的体外抑菌实验基本一致，中药提取物的体外抑菌实验常常测定最小抑菌浓度（MIC）和抑菌圈直径（D 或 Φ）。MIC 是衡量中药抑菌效果的常用指标，是指在肉汤培养基或琼脂平板中能抑制被检测菌肉眼可见生长的最高药物稀释倍数。中药提取物的 MIC 越小，其抑菌作用越强。D（或 Φ）也是衡量中药抑菌效果的常用指标，是指平板抑菌实验时，药物周围没有细菌生长区域的直径，中药提取物的抑菌圈直径越大，其抑菌作用也越强；反之，抑菌圈越小，其抑菌作用越弱；无抑菌圈出现，则中药提取物对细菌无抑制作用。因此，通过测量中药提取物在琼脂平板培养基上的抑菌圈直径大小，即可了解中药提取物的体外抗菌活性。

【实验材料】

①菌种：根据不同中药提取物的抑菌谱，可选择大肠埃希菌、沙门菌、铜绿假单

胞菌、金黄色葡萄球菌、链球菌等菌种中的一种或几种，或选择其他敏感菌种。

②器材：灭菌棉签或接种环，无菌小镊子，测量尺，记号笔，无菌平皿，无菌试管，无菌吸管，微量移液器，无菌 T 形玻棒，无菌滤纸，灭菌牛津杯，水浴锅，旋转蒸发仪，电热干燥箱，恒温培养箱和超净工作台等。

③药品：许多中药具有良好的抗菌抑菌效果，在兽医临床中具有显著的抗菌作用，而且与化学药品比较，具有来源广泛、成本较低、不易产生耐药性等优点。可选择下表中的 1～2 种中药，根据其主要有效成分的溶解特性，选择水提法或醇提法制得提取物，浓缩成 1∶1，即 1 mL 提取物相当于原药 1 g。

表 5-9　常用中药及其抗菌谱

中药名称	功效	抗菌谱
黄连	清热燥湿，泻火解毒，杀虫	对溶血性链球菌、脑膜炎球菌、肺炎双球菌、霍乱弧菌、炭疽杆菌、金黄色葡萄球菌抑制作用较强；对痢疾杆菌、白喉杆菌、枯草杆菌、绿色链球菌有抑制作用；对肺炎杆菌、百日咳杆菌、鼠疫杆菌、布氏杆菌、破伤风梭菌、产气荚膜杆菌、结核分枝杆菌等有效
黄柏	清热燥湿，泻火解毒	与黄连一致
十大功劳	清热解毒，燥湿化痰	金黄色葡萄球菌、痢疾杆菌、大肠埃希菌、铜绿假单胞菌
小檗	清热燥湿，泻火解毒	痢疾杆菌、链球菌、葡萄球菌、肺炎双球菌、结核分枝杆菌、百日咳杆菌、枯草杆菌、炭疽杆菌、大肠埃希菌、钩端螺旋体
铁苋菜	清热利水，杀虫止血	大肠志贺氏菌、痢疾杆菌、金黄色葡萄球菌、霍乱弧菌、炭疽杆菌
白花蛇舌草	清热，利湿，解毒	金黄色葡萄球菌、痢疾杆菌
马齿苋	清热解毒，散血消肿	痢疾杆菌、伤寒杆菌、大肠埃希菌、金黄色葡萄球菌
叶下珠	清热利尿，明目消积	溶血性链球菌、金黄色葡萄球菌、大肠埃希菌、伤寒杆菌、痢疾杆菌、铜绿假单胞菌

【实验方法】

1. 实验准备

(1)菌种的转接与复壮　将购回或保存的菌种转接于适宜的培养基，培养 24 h 后，检查细菌生长情况，确认生长良好后，取菌落一个或菌液一环，再接种于同种培养基，根据不同菌种，培养一段时间（通常为 6 h），如为液体培养基，应使菌液中的菌体含量达到 9×10^{8} CFU/mL，然后用同种液体培养基做 1∶500 稀释，培养 18 h 左右，使菌液中菌体含量为 3×10^{8} CFU/mL，再用同种液体培养基做 1∶5 稀释备用。如为固体培养基，第一次转接确认生长良好后，再用同种培养基转接一次，培养24 h 后备用。

(2)中药提取物的制备　取一定量的待测中药，根据其主要抑菌有效成分的溶解特性，选择不同的提取方法和工艺（常用的有水提法和醇提法两种），提取 3 次，合并 3 次提取液，浓缩至每毫升提取液相当于原药 1 g，即 100%（或 1∶1）中药提取物，冷藏保存备用。

(3)抑菌试纸片的制备　将无菌滤纸剪成直径为 6 mm 的圆形滤纸片，在 100%中药提取物中浸透后取出，置平皿内，于电热干燥箱中 50 ℃左右烘干备用。

(4)培养基制备　一般细菌，如大肠埃希菌、沙门菌、金黄色葡萄球菌等可用普通肉汤培养基或普通琼脂培养基；链球菌可选择羊血肉汤培养基或羊血琼脂培养基，配制方法参阅《兽医微生物学实验指导》。

2. 最小抑菌浓度的测定

(1)试管法　取 10 支小试管为一组，编号 1～10，各装入 1 mL 液体培养基，在第 1 管中加入 100%中药提取物 1 mL，混合均匀后取 1 mL 加入第 2 管，如此稀释至第 8 管，最后弃去 1 mL，得到中药提取物的稀释度分别为 1∶2、1∶2^{2}、1∶2^{3}、1∶2^{4}、1∶2^{5}、1∶2^{6}、1∶2^{7}、1∶2^{8}，然后每管接种已经稀释好的菌液 0.1 mL，第 9 管不加中药提取物但接种菌液 0.1 mL，第 10 管不加中药提取物，也不加菌液，以做对照。各管摇匀后置恒温培养箱中 37 ℃培养 24 h，观察结果。

(2)平板法　先将中药提取物按试管法稀释成 1∶2、1∶2^{2}、1∶2^{3}、1∶2^{4}、1∶2^{5}、1∶2^{6}、1∶2^{7}、1∶2^{8} 等 8 个稀释度，取无菌平皿 10 个，编号 1～10，各稀释度提取物取 1 mL 加入 1～8 号平皿，各加入已经融化的琼脂培养基 9 mL，并迅速与提取物混合均匀，9～10 号平皿中各加入琼脂培养基 10 mL，放平凝固后，置 37 ℃恒温箱中 1～2 h，使其表面水分干燥，取出平皿，接种待测菌种。如为固体培养的菌种，可用接种环挑取菌落进行划线接种；如为液体培养的菌种，摇匀后可用接种环取一环菌液进行划线接种，或用无菌棉签蘸取菌液进行划线接种，也可取 0.1 mL

菌液于琼脂表面，然后用无菌 T 形玻璃棒推匀。置恒温培养箱中 37 ℃培养 24 h，观察结果。

3. 抑菌圈直径的测定

(1)纸片法　取预先制备好的琼脂培养基平板 3 个，以无菌小棉签蘸取待测菌液(1 mL 菌液约含 3×10^8 个细菌)，并在管壁上旋转几周挤去多余的菌液后，在琼脂培养基的表面划线接种，平板旋转 60°后再次划线接种，重复 3 次，使待测菌种在琼脂培养基的表面分布均匀；也可取 0.1 mL 菌液于琼脂表面，然后用无菌 T 形玻璃棒推匀。如为固体培养菌种，可用接种环挑取一个菌落如前法划线接种。在平皿盖上用玻璃铅笔做上标记。接种后 15 min 内，用无菌小镊子取预先制备好的抑菌试纸片 1 张放于培养基表面的正中，如预实验结果证明其抑菌圈直径较小，且平皿较大，可根据情况调整抑菌试纸片安放的位置(图 5-2)。每个待测菌种做 5～6 个试纸片，置恒温箱中 37 ℃培养 24 h，测定抑菌圈直径大小。每种中药提取物设针对一种细菌的重复 6～8 个，设一个生理盐水对照，也可根据情况设一个抗生素对照。

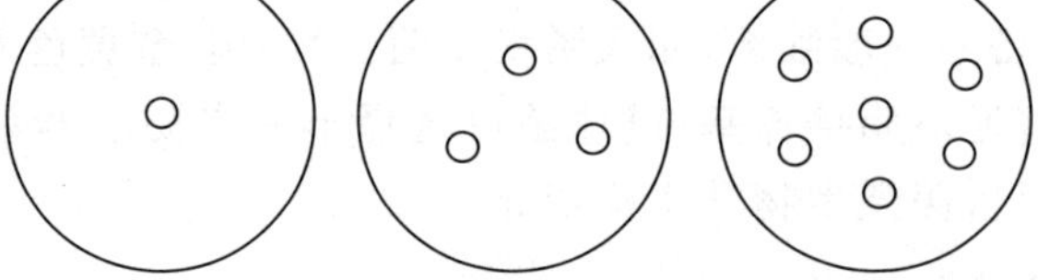

图 5-2　抑菌试纸片在平皿中的不同安放位置

(2)牛津杯法　在无菌操作台内，按图 5-2 的位置，先在平皿上每处放置两根小号订书针(长度大于牛津杯直径，间距约为牛津杯半径)，在两根订书针上放置牛津杯，倒入热的灭菌琼脂培养基(培养基的厚度高出订书针 2～3 mm)，静置冷却凝固备用。实验时，在琼脂培养基表面滴加待测菌种的液体培养物(或固体培养菌落稀释菌液)1～2 滴，用灭菌 T 型玻璃棒推至均匀覆盖于琼脂表面(注意不要碰松牛津杯)，然后向杯内加入 100％中药提取物，使药液与杯面相平，但不要溢出，盖好皿盖后，平皿底在下，盖在上，置恒温箱中，37 ℃培养 24 h，测定抑菌圈直径大小。其重复数和对照设置与纸片法相同。

【实验结果】

(1)最小抑菌浓度的测定　观察培养 24 h 后细菌的生长情况。试管法中如试管中培养基变得浑浊或有沉淀形成，表明有细菌生长，记为“＋”，如培养基澄清透明或涂片镜检后见不到细菌，表明没有细菌生长，记为“－”；平板法中如琼脂表面有菌落形成，表明有细菌生长，记为“+”，如琼脂表面无菌落形成，表明没有细菌生长，记为“-”。将结果记录于表 5-10 中。

表 5-10 最小抑菌浓度测定结果

细菌	稀释度									
	$1:2$	$1:2^2$	$1:2^3$	$1:2^4$	$1:2^5$	$1:2^6$	$1:2^7$	$1:2^8$	菌种对照	培养基对照
大肠埃希菌										
沙门菌										
链球菌										
⋮										

(2)抑菌圈直径的测定　观察培养 24 h 后细菌的生长情况。用直尺或游标卡尺测量抑菌试纸片或牛津杯周围抑菌圈直径的大小，精确到 0.1 mm，将结果记录于表 5-11 中。

表 5-11 抑菌圈直径测定结果 mm

细菌	编号									
	1	2	3	4	5	6	7	8	生理盐水对照	抗生素对照
大肠埃希菌										
沙门菌										
链球菌										
⋮										

【注意事项】

①中药提取物的最小抑菌浓度是指能抑制细菌生长的最小的提取物浓度，即能抑制细菌生长的提取物的最高稀释倍数，通常用 $1:2^n$ 表示。为了准确起见，常常在测定某种中药提取物的最小抑菌浓度时，针对每种细菌应设置 6～8 个重复，计算其平均数。计算平均数时，先取各重复的稀释倍数的对数 $\log_2 2^n=n$，再求各重复的平均数 $\bar{n}$，然后用 $1:\overline{2^n}$ 表示平均最小抑菌浓度。在实际实验时，重复设置可结合班级分组实验进行，即以每小组为一个重复，计算全班各组的平均数。

②中药提取物的抑菌圈直径用各重复的平均抑菌圈直径表示，直接计算各重复的平均数 $\bar{D}$ 或 $\bar{\Phi}$ 即可。中药提取物的敏感度判断标准目前尚无统一标准，可参照抗生素的判断标准：抑菌圈直径小于 10 mm 为耐药，等于 10 mm 为轻度敏感，在 11～15 mm 为中度敏感，大于 16 mm 为高度敏感。

③整个操作过程应注意无菌操作、接种细菌后放置抑菌试纸片或牛津杯加入

中药提取物的间隔时间不宜过长，一般应在 15 min 内完成。

④琼脂平板的厚度可影响抑菌圈的大小，一般以 2～3 mm 为宜。各实验平板中的琼脂厚度应一致。

⑤自制抑菌试纸片时，试纸片浸透后取出时应在容器壁上接触，以无提取物滴下为度，然后置恒温箱内烘干。烘干温度不宜过高，以防抑菌成分变性或挥发性有效成分损失，以 45～50 ℃为宜。

【思考题】

①比较中药提取物最小抑菌浓度测定和抗生素最小抑菌浓度测定的异同。

②为什么中药的最小抑菌浓度常常高于抗生素，却具有较好的临床疗效？

实验六十四　黄芪多糖的免疫增强作用

【实验目的】

当前很多传染病和营养性疾病都可导致动物免疫功能低下，甚至引起免疫抑制，而补益类中药能增强动物免疫功能，是目前畜牧生产中常用的免疫增强剂。通过实验，掌握实验动物内脏器官指数的测定方法以及血液中免疫因子含量，血细胞分类计数以及小鼠力竭游泳时间的测定方法；了解免疫器官指数、免疫因子含量和血细胞分类计数与动物机体免疫功能的关系。

【实验原理】

动物内脏器官的重量占体重的比例被称为内脏器官指数，可反映内脏器官的发育和功能状态。胸腺是动物的中枢免疫器官，其占体重的比例直接反映中枢免疫系统的发育和功能状态；脾脏是动物的外周免疫器官，其占体重的比例则直接反映外周免疫系统的发育和功能状态。免疫因子直接参与机体的免疫反应，其含量的高低可反映机体的非特异性免疫功能状态，血细胞中的白细胞分类计数可反映机体的非特异性免疫状态，淋巴细胞计数可反映机体的特异性免疫状态。动物的力竭游泳时间是其耐力的反映，也与机体的免疫状态呈正相关。

【实验材料】

①动物：小鼠，体重 18～22 g/只。

②器材：天平，烧杯，丝线，牛津杯，小铅丝，解剖盘，解剖刀剪，吸水纸，温度计，大号玻璃缸，采血针，小试管或采血管，全自动血液分析仪和计时器或秒表等。

③药品：黄芪多糖，生理盐水和抗凝剂等。

【实验方法】

(1)实验动物的选择、分组和准备　选取 18～21 日龄体重 15～18 g 的断奶小鼠 40 只(20♂，20♀)，随机分成 4 组，每组 10 只，雌雄各半，组内体重差异小于平均体重的10%，组间体重差异不显著($P>0.05$)。分别为高、中、低剂量实验组和对照组，适应性饲喂3～5 d后，按表5-12要求进行饲喂。

表5-12　实验动物分组处理

组号	组别	动物数	处理
Ⅰ	对照组	10(5♂5♀)	0.2 mL生理盐水灌胃，1次/d，连续7 d
Ⅱ	低剂量组	10(5♂5♀)	0.2 mL 0.05%黄芪多糖液灌胃，1次/d，连续7 d
Ⅲ	中剂量组	10(5♂5♀)	0.2 mL 0.1%黄芪多糖液灌胃，1次/d，连续7 d
Ⅳ	高剂量组	10(5♂5♀)	0.2 mL 0.15%黄芪多糖液灌胃，1次/d，连续7 d

(2)力竭游泳时间的测定　饲喂结束后，称量体重，按体重的10%的重量＝牛津杯重量＋细铅丝重量，用细铅丝在小鼠尾根部系上牛津杯，或用丝线将牛津杯和细铅丝系于小鼠尾根部，放入水深30 cm左右、水温(25±1)℃的大号玻璃缸中，让其不间歇游泳，直至小鼠沉入水中10 s不上浮为止，记录开始游泳至小鼠沉入水中10 s不上浮的时间，即为小鼠力竭游泳时间。计算各组力竭游泳时间的平均数和标准差。

(3)血细胞分类计数的测定　力竭游泳时间测定后，将小鼠捞起，在30～35 ℃环境下让其被毛干燥，充分休息24 h后，从眼角静脉或尾根静脉采血0.3～0.5 mL，分两份分别放入装有抗凝剂和无抗凝剂的小试管或采血管内。抗凝血用全自动血液分析仪测定白细胞总数、中性粒白细胞数、嗜酸性粒白细胞数、嗜碱性粒白细胞数、淋巴细胞总数、T淋巴细胞数和B淋巴细胞数。分别计算上述测定值的组内平均数和标准差。

(4)血液中免疫因子含量的测定　分离非抗凝血的血清，用试剂盒分别测定血清补体、溶菌酶和干扰素的含量。

(5)免疫器官指数的测定　采血后将小鼠颈椎脱臼处死，在解剖盘内取出胸腺和脾脏，放在吸水纸上吸干血水后称重，按下列公式计算胸腺指数和脾指数。

$$胸腺指数=\frac{胸腺重量/mg}{小鼠体重/g};脾指数=\frac{脾脏重量/mg}{小鼠体重/g}$$

【实验结果】

实验结果记录于表5-13中。

表 5-13　黄芪多糖免疫增强作用实验结果记录

测定指标	Ⅰ	Ⅱ	Ⅲ	Ⅳ
力竭游泳时间/min				
白细胞总数/(10^9/mL)				
中性粒白细胞数/(10^6/mL)				
嗜酸性粒白细胞数/(10^6/mL)				
嗜碱性粒白细胞数/(10^6/mL)				
淋巴细胞总数/(10^6/mL)				
T 淋巴细胞数/(10^6/mL)				
B 淋巴细胞数/(10^6/mL)				
血清补体含量/(mg/mL)				
血清溶菌酶含量/(μg/mL)				
干扰素含量/IU				
胸腺指数/(mg/g)				
脾指数/(mg/g)				

【注意事项】

①测定小鼠力竭游泳时间时，不能让小鼠尾部接触玻璃缸底部，也不能让小鼠接触玻璃缸边缘，否则测量数据偏大。

②测定小鼠力竭游泳时间后，应立即捞起小鼠，在 30～35 ℃环境下让其被毛干燥，并充分休息 24 h 后再测定血细胞和免疫因子含量。

③测定小鼠免疫器官指数时，应在力竭游泳时间测定前称量体重，并将取出的胸腺和脾脏周围的结缔组织剔除，用吸水纸充分吸干血水后再称重，否则测量数据偏大。

小贴士：中医药作为中华民族原创的医学科学，是中华文明的杰出代表，深刻反映了中华民族的世界观、价值观、生命观、健康观和方法论，兼具科学和人文的双重属性。我们要努力实现中医药文化的创造性转化、创新性发展；深入发掘中医药宝库中的精华，充分发挥中医药的独特优势，推进中医药现代化，推动中医药走向世界；我们要继承好、发展好、利用好传统医学，用开放包容的心态促进传统医学和现代医学更好融合。

【思考题】

①本实验所测定的实验数据主要反映的是机体的特异性免疫状态还是非特异性免疫状态？为什么？

②如果要了解机体的特异性免疫状态，应测定什么数据？试设计一个实验方案。

③为什么中药对机体的非特异性免疫影响较大？

实验六十五　药物制剂的安全性初步评价实验

一、药物半数致死量(LD_{50})和最大耐受量

(一)半数致死量

【实验目的】

通过实验，学习测定药物 LD_{50} 的方法、步骤和计算过程，了解测定药物 LD_{50} 的意义。

【实验原理】

半数致死量(LD_{50})是衡量药物毒性大小的重要标志，LD_{50} 表示能使全部实验动物死亡半数的药物剂量，是以动物死亡或存活作为质反应指标。一般情况下，LD_{50} 小说明药物毒性大，LD_{50} 大说明药物毒性小。LD_{50} 是判定药物毒性大小最恰当、最常用的指标。

药物 LD_{50} 测定方法，常用的有寇氏法(Kurber)、改良寇氏法、改进寇氏法(概率单位法)和 Bliss 法等，这些方法各有其优缺点，其中改良寇氏法操作、计算均较简便易行，结果较准确，比较常用。因此，本实验介绍改良寇氏法测定戊巴比妥钠的 LD_{50}。

【实验材料】

①动物：小鼠 70 只，体重 18～22 g/只。

②器材：注射器，针头和鼠笼。

③药品：1%戊巴比妥钠溶液。

【实验方法】

1. 改良寇氏法设计要求

①剂量组应 5～7 个。

②组间剂量等比。

③最大剂量组死亡率(P_{max})应为 100%或相近；最小剂量组死亡率(P_{min})应为 0 或相近。

④各组动物数相等。

2. 预备实验

(1)确定剂量上下限　按估计量(经验或文献资料)给药,每次用 3 只动物,逐步探索出使全部动物死亡的最小剂量,以及一个动物也不死亡的最大剂量。如动物全部死亡则降低剂量,如动物全不死亡则加大剂量,直到找出 $P_{max}=100\%$ 的剂量(D_{max})和 $P_{min}=0$ 的剂量(D_{min})。

(2)确定组数(n)　分组以 5～7 组为宜,可根据适宜的组距确定,相邻两剂量组的比值不宜超出 1.2～1.5 范围。

(3)确定各组剂量公比 r　可按公式求出。

$$r=\sqrt[n-1]{D_{max}/D_{min}}$$

(4)确定剂量　各组剂量分别以 D_1、D_2、D_3、D_4、……、D_{max}代表,根据最小剂量(D_{min})和剂量公比值(r)可计算出:

$$D_1=D_{min}=\text{最小剂量}$$
$$D_2=D_1\times r$$
$$D_3=D_2\times r$$
$$\vdots$$
$$D_{max}(\text{最大剂量})=D_{max-1}\times r$$

(5)配制等比稀释药液系列　使各组小鼠给药容积相等,一般为(每 10 克体重 0.2 mL)。从最大剂量组开始,按公比值稀释,即得到下一剂量组的药液。本次实验动物分为 5 组,最大剂量按每千克体重 187.5 mg,最小剂量按每千克体重 76.8 mg,$r=1.25$,按每 10 克体重 0.2 mL 的给药量,最大剂量组戊巴比妥钠溶液浓度为0.94%(D_5),将其稀释 1.25 倍即得 0.75%的溶液(D_4)。

3. 正式实验

①取动物 50 只,称重标记,按分层随机分组法分成 5 组,每组 10 只。

②给药:每组腹腔注射一个剂量的戊巴比妥钠溶液(每 10 克体重 0.2 mL),给药顺序宜间隔进行,即先给 D_2、D_4,再给 D_5、D_3、D_1。如 D_4组全部死亡,则省去 D_5组不做,如 D_2组全不死亡,则省去 D_1组不做。

【实验结果】

观察 24 h 内各剂量组动物死亡数,并记录于表 5-14 中。

表 5-14　戊巴比妥钠在小鼠经口染毒测定 LD_{50} 的实验结果

组别	小鼠数 n(只)	每千克体重受试药剂量 D/mg	对数剂量 $X(\lg D)$	死亡数 F(只)	死亡率 $P(F/n)$	存活率 q
5	10	187.5				
4	10	150.0				
3	10	120.0				
2	10	96.0				
1	10	76.8				

LD_{50} 按下列公式计算：

$$LD_{50}=\lg^{-1}[X_{max}-i(\sum P-0.5)]$$

式中，X_{max} 为最大剂量对数值；P 为各组动物死亡率(用小数表示)；$\sum P$ 为各组动物死亡率的总和；i 为相邻两组剂量的对数差。

$$LD_{50}\text{的 95\% 可信限}=\lg^{-1}(\lg LD_{50}\pm 1.96i\sqrt{\frac{\sum pq}{n}})$$

【注意事项】

①LD_{50} 测定中应观察记录的内容。

A. 实验各要素　实验题目，实验日期，室温，检品的批号、规格、来源、理化性状、配制方法及所用浓度等；动物品系、来源、性别、体重、给药方式及剂量(药物的绝对量与溶液的容量)和给药时间等。

B. 给药后各种反应　潜伏期(从给药开始出现毒性反应的时间)；中毒现象及出现的先后顺序、开始出现死亡的时间；死亡集中时间；末只死亡时间；死前现象等。逐日记录各组死亡只数。

C. 尸解及病理切片　从给药时开始计时，凡 2 h 以后死亡的动物，均及时尸解以观察内脏的病变，记录病变情况。若有肉眼可见变化时则需进行病理检查。整个实验一般要观察 7～14 d，观察结束后，对全部存活动物称体重、尸解，同样观察内脏病变并与中毒死亡尸解情况相比较。当发现有病变时，也同样做病理检查，以比较中毒后病理改变及恢复情况。

②实验动物应挑选体重相近(18～22 g 为宜)的健康小鼠，最好同一性别或雌雄各半，怀孕的雌鼠应剔除不用。

③精密测定 LD_{50} 前，通常先要摸索出合适剂量范围，即测出能使小鼠出现接近0%和100%死亡的剂量。若系已知药的验证实验，则可根据文献查出该药的 LD_{50}，在此剂量上、下各推两个剂量；若系新药，则可根据文献查出同类结构化合物的 LD_{50} 以供参考；若系未知药物或无文献可供参考时，则取少量小鼠，每组2～3只，共3～4组，按剂间比2∶1给药，找出引起0及100%死亡的剂量范围，为精密测定 LD_{50} 提供依据。

④在预实验所获得的0和100%死亡的剂量范围内，选用几个剂量(小鼠一般用5个剂量，按等比级数增减，相邻组之间剂间比一般取[1∶(1.2～1.5)]，尽可能使半数组的死亡率都在50%以上，另半数组的死亡率都在50%以下。

⑤小鼠分组时应先将不同性别分开，再将不同体重分开，然后随机分配，此法称为分层随机分组法。

⑥给药时最好先从中剂量组开始，以便能从最初几组动物接受药物后的反应来判断两端的剂量是否合适，如不合适可随时进行调整。

⑦小鼠称重及给药剂量力求准确。药液的pH及渗透压应在生理范围内。

⑧室温控制在20 ℃左右，照明、饲养和卫生条件要一致，实验前禁食24 h，实验时间要一致。

⑨实验中动物的死亡时间一般在1～2 d，作用快者可观察10～30 min，但整个实验一般要观察7～14 d，认真记录死亡时间。

【思考题】

根据实验结果，计算戊巴比妥钠 LD_{50}；讨论测定药物 LD_{50} 的意义和根据是什么？

(二)最大耐受量(MTD)的测定

【实验目的】

了解最大耐受量的概念，掌握其测定方法。

【实验原理】

一些药物毒性很低，内服给药吸收有限，即使一次给予最大允许浓度和最大允许容量，也难以观察到死亡反应，即仍未能测出 LD_{50}，例如，多数中药。这种情况下可以测定其最大耐受量(MTD)，以反应受试药的毒性情况。MTD是指动物能够耐受而不引起动物产生死亡的最高剂量。

【实验材料】

①动物：小鼠20只，体重18～22 g/只，雌雄各半，实验前禁食12 h，不禁水。

②药品：受试药物。

③器材：小鼠笼，电子秤，小鼠灌胃器，注射器和烧杯等。

【实验方法】

取小鼠 20 只，按药物最大允许浓度和小鼠最大允许容量给小鼠灌胃给药一次，连续观察 7 d，记录小鼠给药后外观、行为、饮食、分泌物、排泄物等的变化。

【实验结果】

计算 MTD，若 7 d 内动物死亡，则 MTD＝总给药量（g/kg），若 7 d 内未见任何动物死亡，则 MTD 可写成“在进行最大耐受量实验时，7 d 内无死亡发生，故限于给药浓度和给药体积，测得待试药物的内服最大耐受量为总给药量”（中药折合为生药量 g/kg）。

【注意事项】

小鼠灌胃最大给药容量按每 10 克体重 0.4 mL，最多不超过 1.0 mL/只，给药浓度根据药物的理化性质，以能顺利通过灌胃器针头为度。

【思考题】

什么是 MTD？测定其有什么意义。

二、亚慢性毒性实验

【实验目的】

亚慢性毒性是指实验动物连续多日接触较大剂量的外来化合物所出现的中毒效应。所谓较大剂量，是指小于急性 LD_{50} 的剂量。

主要是探讨亚慢性毒性的阈剂量或阈浓度，以及在亚慢性实验期间未观察到毒效应的剂量水平，且为慢性实验寻找接触剂量及观察指标。

【实验材料】

①动物：小鼠、大鼠、犬等，年龄应较小，如小鼠应为 15 g 左右，大鼠 100 g 左右。

②药品：受试药物。

【实验方法】

亚慢性毒性实验的期限“多日”的确切天数，至今尚无完全统一的认识。

一般认为在环境毒理学与食品毒理学中所要求的连续接触为 3～6 个月，而在工业毒理学中认为 1～3 个月即可。这是考虑到人类接触大气、水和食品污染物的持续时间一般较久，而在工业生产过程中接触化合物仅限于人一生中的工作年龄阶段，且每日工作不超过 8 h 之故。现有学者主张进行实验动物 90 d 喂饲实验为亚慢性毒性实验，即将受试物加入饲料或饮水中，动物自然摄取连续 90 d。这是由于有研究报道认为动物连续接触外来化合物 3 个月，其毒性效应往往与再延长接触时间所表现的毒性效应基本相同，故不必再延长接触期限。相应地，主张呼吸道接触可进行 30 d 或 90 d 实验，每天 6 h，每周 5 d。经皮肤实验进行 30 d。

实验动物和染毒途径：亚慢性毒性实验接触外来化合物途径的选择，应考虑两点：一是尽量模拟人类在环境中接触该化合物的途径或方式，二是应与预期进行慢性毒性实验的接触途径相一致。具体接触途径主要有经口、经呼吸道和经皮肤 3 种。

剂量选择与剂量分组：亚慢性实验的上限剂量，需控制在实验动物接触受试化合物的整个过程中，不发生死亡或仅有个别动物死亡，但有明显的中毒效应，或靶器官出现典型的损伤。此剂量的确定可参考两个数值，一是以急性毒性的阈剂量为亚慢性实验的最高剂量；二是以此化合物 LD_{50} 的 1/20～1/5 为最高剂量。

化合物亚慢性毒性实验应求出其剂量—反应关系，只有求出剂量—反应关系才能阐明受试化合物的亚慢性毒性作用特征，并为慢性毒性实验打下基础。

为此，亚慢性实验至少应设计 3 个染毒剂量组及一个正常动物对照组，必要时再加一个受试化合物的溶剂对照组。最低剂量组的剂量应相当于亚慢性的阈剂量水平或未观察到作用水平，中间剂量组动物以出现轻微中毒效应为度。组内动物个体体重相差应不超过平均体重的 10%，组间平均体重相差不超过 5%。小动物每组不应少于 20 只，大动物不少于 6～8 只。

【观察指标】

一般综合性观察指标是非特异性观察指标，它是外来化合物对机体毒性作用的综合性总体反映。

(1)动物体重实验　动物在亚慢性方式接触外来化合物过程中，有多种因素均可影响动物体重的增长，包括食欲变化、消化功能变化、代谢和能量消耗变化等。体重变化的表示方式，可将接触组与对照组同期体重绝对增长的重量加以比较和统计学处理。也可将接触组与对照组同期体重百分增长率(以接触化合物开始时动物体重为 100%)进行统计和比较。

(2)食物利用率　亚慢性实验期间必须注意观察并记录动物的饮食情况，在此基础上计算食物利用率，即动物每食入 100 g 饲料所增长的体重克数。分析比较接触组与对照组食物利用率，有助于分析受试化合物对实验动物的生物学效应。

(3)症状　实验动物在接触外来化合物过程中所出现的中毒症状及出现各症状的先后次序、时间均应记录和分析。

(4)脏器系数或脏/体比值　是指某个脏器的湿重与单位体重的比值，通常以 100 g 体重计。如肝/体比(全肝湿重/体重)×100%。此指标的意义是实验动物在不同年龄期，其各脏器与体重之间重量比值有一定规律；若受试化合物使某个脏器受到损害，则此比值就会发生改变，可以增大或缩小，因此，脏/体比值是一个灵敏、有效和经济的指标。

一般化验指标主要指血象和肝、肾功能的检测，在亚慢性实验中研究外来化合物对实验动物的毒性作用，使用这类指标一般为筛检性和探讨性。

通常血象检测包括红细胞计数、白细胞计数和分类、血红蛋白定量等。

肝、肾功能也是一种常规指标，如 SGOT、SGPT、血清尿素氮、尿蛋白定性或定量、尿沉渣镜检等。

亚慢毒性实验中应重视病理学检查。凡是在染毒过程中死亡的动物均应及时解剖，肉眼检查后再进行病理组织学检查。必要时做组织化学或电镜镜检。

三、鼠伤寒沙门菌致突变实验

【实验目的】

了解鼠伤寒沙门菌致突变实验的方法，判定受试物是否具有回复突变作用或致突变作用。

【实验原理】

鼠疫沙门菌野生型能自身合成所需要的营养成分组氨酸，可在不加组氨酸的培养基中生长繁殖，用理化方法处理使其组氨酸合成基因突变，称为变异型或突变型菌株(AT)，该菌株自身不能合成组氨酸，故在无组氨酸的培养基上不能生长，利用该突变菌株在诱变物作用下可以使基因回复突变成野生型，称为回复突变，根据回复突变菌落数的多少可判定受试物是否具有回复突变作用或致突变作用。

【实验材料】

①器材：低温高速离心机，低温冰箱，生物安全柜和恒温培养箱。

②药品：辅助因子储备液，多氯联苯，4-硝基喹啉-氧化物，甲基磺酸甲酯，2-氨基芴，苯并(a)芘等，营养肉汤培养基，VB 液，底层基本培养基和上层培养基。

③菌株：TA97、TA98、TA100、TA102 等菌株。

【实验方法】

1. 预实验

(1)药物溶解度测试　称取适量受试物 3～5 份，分别测试其在水、二甲基亚砜(DMSO)以及其他溶剂中溶解度，为实验设计提供最佳的溶剂。

(2)实验用菌株适应性测试　根据受试物性质，设 5 个以上剂量组，对实验所用菌株进行初步毒性实验，以检测其适应性，每个剂量组可设平行实验，摸索受试物最低毒性剂量，为实验设计提供合理的剂量。

2. 正式实验

采用直接平板渗入法，取融化并保温在45 ℃水浴中的上层培养基加入设计好的各组(空白对照组、阳性对照组、溶剂对照组、5个剂量的受试物组)试管中，每管2.0 mL，并依次加入菌液0.1 mL、受试物0.1 mL，需活化时加入0.5 mL S9混合液，否则加入0.5 mL缓冲液，充分混匀，迅速倒入已制备好的底基培养基平皿，使分布均匀，凝固后将平皿翻转置于37 ℃培养箱48 h后，取出培养皿。进行菌落记数，统计每皿回变菌落数。

【结果判定】

①受试物所诱发的回变菌落数超过对照组2倍，并有剂量反应关系时，判为阳性。

②某测试点回变菌落数超过对照组2倍以上，且呈重复性，并有统计意义时，也可判为阳性。

【注意事项】

①实验用菌株应临用前制备成每1 mL含10^9CFU的菌悬液。

②每个实验分别独立平行进行2次。

③对于活性较弱或有抑菌作用的受试物，可将培养时间延长至72 h。

四、小鼠骨髓嗜多染红细胞微核实验

【实验目的】

检测细胞遗传性损伤，从而评价药物安全性。

【实验原理】

在物理、生物或化学因素作用下，染色体受到损害，丧失无着丝粒的染色体断片或染色单体的断片，在细胞分裂后期，染色体移向纺锤体两极时，这些断片遗落在细胞质中，跟主核融合，或单独形成一个或几个核。微核一般来源于断片，也可能来源于完整的染色体，断片和染色体会滞遗下来有2个主要原因：

①染色体断裂或染色体单体断裂，形成断片。

②纺锤体细胞器功能失调，由完整的染色体形成微核，用普通染色液或荧光染色液可以观察微核率。

【实验材料】

①动物：小鼠(或大鼠)，雄性敏感度高。

②器材：解剖器械，普通(或荧光)生物显微镜。

③药品：阳性对照品(环磷酰胺，丝裂霉素C，甲基甲磺酸酯)，供试品溶液[水溶性供试品用生理盐水等溶解，非水溶性供试品可用羧甲基纤维素(CMC)配成混

悬液或用药用油配制成溶液]。

【实验方法】

取性成熟小鼠6～10只，随机分组，雌雄各半，设给药组、溶媒阴性对照组，阳性对照组。

采用临床用药给药途经，单次或两次(间隔24 h)或14 d反复给药，若用其他途径应说明理由。

最高剂量以1/2 LD_{50}为基准，或进行毒性预试，根据动物死亡情况，毒性症状和对骨髓的毒性决定实验最高剂量，如未见毒性，最高剂量用最大给药量或2 000 mg/[(kg·d)](化学药品)给药。至少用3个剂量级，组间剂距为2～10。

对照组：溶媒作为阴性对照组，阳性对照品和剂量可由文献资料或各实验室根据资料自行选择，常用环磷酰胺，丝裂霉素C。

采样时间：采用骨髓时，单次给药应在给药后24～48 h内取2个以上时间点处死动物制作骨髓涂片，两次给药在第二次给药6 h取材涂片，反复给药在最后一次给药后18～24 h一次性取材涂片。用末梢血，单次给药后36～72 h内2次以上取材涂片，反复给药在末次给药后24～36 h一次取材涂片。

标本制作：取胸骨或股骨，用止血钳挤出骨髓液与玻片一端的小牛血清混匀，常规涂片，或用小牛血清冲洗股骨髓腔制成细胞悬液涂片，涂片自然干燥后放入甲醇中固定5～10 min，当日固定后保存，将固定的涂片放入Giemsa应用液中，染色10～15 min，立即用pH 6.8的磷酸盐缓冲液或蒸馏水冲洗、晾干。标记，阴凉处保存。末梢血可直接涂片染色。

【结果观察】

检查细胞：每只动物至少计数骨髓标本中2 000个嗜多染红细胞，记录带微核的嗜多染红细胞，为观察骨髓细胞的增殖抑制，记数200个髓细胞中嗜多染红细胞和正常红细胞的比例。末梢血标本中计数1 000个红细胞。

【结果判断】

受试动物所诱发的微核率的增加与剂量相关，某一测试点微核率的增加呈现可重复并有统计学意义，或嗜多染红细胞下正常红细胞的比例有统计意义，符合上述一条即可判为阳性，实验结果难以下结论时，可重新探讨或尝试新的实验条件，重复实验再做结论。使用两种性别动物实验时，如未发现差别可合并统计。

如体外实验阳性，微核实验阴性，应探讨供试品在体内的吸收、分布、代谢、排泄(ADME)，分析实验结果，必要时测定取材器官内药物浓度，作为选择取材标本和判断结果的依据。

五、热原检查法

【实验目的】

判定供试品溶液中所含热原的限度是否符合规定。

【实验原理】

热原进入动物机体循环后,刺激体内的免疫细胞如淋巴细胞、单核细胞等释放细胞因子(内源性致热原),细胞因子直接或间接作用于体温调节中枢,引起体温调定点上升,引起产热增加,散热减少,体温升高。

【实验材料】

①动物:健康家兔,体重 1.7～3 kg/只,均在检查供试品前 3～7 d 内测定体温,每隔 30 min 测量体温一次,共 8 次,体温均在 38.0～39.6 ℃范围内,且最高体温与最低体温相差不超过 0.6 ℃,方可用于热原检查。

②器材:天平,恒温水浴箱,干燥箱,涡旋混合器,红外线体温测定仪或体温表,玻璃器皿,注射器等。与供试品接触的实验器皿均应 250 ℃加热 30 min 以上,确保无菌无热原。

③药品:供试药品。

【实验方法】

①实验前家兔准备:热原检查前 1～2 d,供试兔尽可能处于同一温度环境中,保持安静状态,实验前 1 h 禁食。

②供试品准备:供试品用量,应按该药项下规定注射,未规定剂量的药品,可根据该药的药理性质,在不影响家兔正常生理的前提下,用量为临床一次用量的 3～10 倍。

③检查法:供试品在注射前应预热至 38 ℃,取预选合格家兔 3 只,测定其正常体温后 15 min 内,自耳静脉缓慢注入规定药量,然后每隔 30 min 测温一次,连续测温 6 次。以 6 次中最高体温减去正常体温,即为该兔升高温度。如 3 只家兔中 1 只体温升高≥0.6 ℃,或同组中 3 只家兔体温升高总和≥1.4 ℃,应另取 5 只家兔复测,检查方法同上。

【实验结果】

初试 3 只家兔中,体温升高均低于 0.6 ℃,且 3 只体温升高总和低于 1.4 ℃,或在复试的 5 只家兔中,体温升高≥0.6 ℃的家兔不超过 1 只,且初、复试合并 8 只家兔体温升高总和≤3.5 ℃,均判定为供试品的热原检查符合规定。达不到以上要求均判定为供试品热原检查为不合格。

六、异常毒性检查法

【实验目的】

将一定剂量的供试品溶液注入小鼠体内，或内服给药，在规定时间内观察小鼠死亡情况，以判定供试品是否符合规定。

【实验原理】

利用药物的急性毒性反应，给实验动物注射或内服一定剂量的供试品溶液，在规定时间内观察动物出现的毒性反应和死亡情况，以判定供试品是否符合规定。由于死亡反应作为判断指标比较明确，故各国药典以动物死亡为主要指标。

【实验材料】

①动物：小鼠，18～22 g/只。

②器材：天平，小鼠固定装置，无菌注射器，移液器，烧杯和称量瓶。

③试剂：注射用水，氯化钠注射液，75%乙醇，供试品包括原料药，注射液和粉针剂。用氯化钠注射液按各药品项下规定的浓度制成供试品溶液（另有规定除外）。

【实验方法】

取小鼠 4 只，按各药品项下规定的给药途径，每只小鼠分别给予供试品溶液 0.5 mL，给药方式可分为静脉注射（尾静脉）、腹腔注射、皮下注射、内服给药。

【实验结果】

除有另外规定外，全部小鼠在给药后 48 h 内不得有死亡，如有死亡时，应另取小鼠 10 只复试，全部小鼠在 48 h 内不得有死亡。

【注意事项】

在实验过程中，如出现严重不良反应症状要记录以供参考。

七、升压物质检查法

【实验目的】

了解供试品对大鼠血压影响的程度，掌握大鼠血压的测定方法。

【实验原理】

比较神经垂体标准品与供试品升高大鼠血压的程度，以判定供试品所含升压物质的限度是否符合规定。

【实验材料】

①动物：大鼠，健康，体重 300 g 以上，雌者无孕。

②器材：BL-420 生物机能系统，压力换能器，天平，小动物手术器械一套，气管插管，动脉夹，动静脉插管和注射器。

③药品:垂体后叶素,甲磺酸酚妥拉明,氯化钠注射液,戊巴比妥钠和肝素。

【实验方法】

①标准品溶液的配制:参照缩宫素生物检定法标准品溶液的配制方法,按垂体后叶素标准品升压素单位计算,配成 1.0 IU/mL 的对照品溶液,冷藏备用(如无沉淀析出,可在 3 个月内使用)。临用前,精密吸取标准品溶液适量,用氯化钠注射液配成每 1 mL 中含 0.1 IU 的稀释液。

②供试品溶液的配制:按药典规定该药的限量,配成适当浓度的供试品溶液,实验时,供试品溶液与对照品稀释液的注入体积应相等。

③将大鼠称重,用 5%戊巴比妥钠按 1 mL/kg 腹腔注射麻醉。麻醉后仰卧固定于保温手术台上,颈部手术,分离气管并做气管插管,分离一侧颈动脉,并在动脉下穿两根线,一线靠远心端将动脉结扎,近心端用动脉夹夹住,压力换能器与动脉插管连接,插管中预先注入肝素生理盐水,在颈动脉上剪一"V"形切口,向心方向插入动脉插管,并结扎好。分离股静脉,并做股静脉插管,供注射药液用。

压力换能器的一端与生物机能系统相连接,打开电脑,进入生物机能系统,选择"血压测定"或"压力"项目,打开动脉夹,即可记录动物血压的变化。

缓慢注入适宜的交感神经阻断药(如甲磺酸酚妥拉明,大鼠按每 100 克体重注入 0.1 mg,隔 5～10 min,用相同剂量再注射一次),待血压稳定后,即可进行药液注射,各次注射速度基本相同,并于注射后立即注入氯化钠注射液 0.5 mL,相邻两次注射的间隔时间应基本相同(一般为 5～10 min),每次注射应在前一次注射反应恢复稳定以后进行。

选定高、低 2 个剂量的垂体后叶素标准品稀释液(mL),高、低剂量之比为 1∶0.6,低剂量能使大鼠血压升高 1.33～3.55 kPa,将高、低剂量轮流重复注入 2～3 次,如高剂量所致反应的平均值大于低剂量所致反应的平均值,可以认为该动物的灵敏度符合规定。

在上述高、低剂量范围内,选定标准品稀释液的剂量(d_s),供试品溶液按正文中规定的剂量(d_T),照下列顺序注射一组 4 个剂量:d_s、d_T、d_T、d_s。

【实验结果】

①以第一与第三、第二与第四剂量所致的反应分别比较。

②如 d_T所致反应值均不大于 d_s所致反应的一半,即认为供试品的升压物质检查符合规定,否则应按上述次序继续注射一组 4 个剂量,并按相同的方法分别比较两组内各对 d_s、d_T剂量所致的反应值。

③如 d_T所致的反应值均不大于 d_s所致的反应值,仍认为供试品的升压物质检查符合规定。

④如 d_T 所致的反应值均大于 d_s 所致的反应值，即认为供试品的升压物质检查不符合规定。否则另取动物复试。如复试的结果仍有 d_T 所致的反应值均大于 d_s 所致的反应值，即认为供试品的升压物质检查不符合规定。

八、降压物质检查法

【实验目的】

了解供试品对猫血压影响的程度，掌握猫血压的测定方法。

【实验原理】

利用组胺样物质对猫具有敏感的降压作用的原理，本法比较组胺对照品(S)与供试品(T)引起麻醉猫血压下降的程度，以判定供试品中所含降压物质的限度是否符合规定。

【实验材料】

①动物：猫，健康，体重 2 kg 以上，雌者无孕。

②器材：BL-420 生物机能系统，压力换能器，天平，小动物手术器械一套，气管插管，动脉夹，动静脉插管，注射器。

③试剂：磷酸组胺，氯化钠注射液，戊巴比妥钠，肝素。

【实验方法】

①对照品溶液：精密称取磷酸组胺适量，按组胺计算，配成 1.0 mg/mL 的对照品溶液，冷藏备用。临用时稀释成 0.5 μg/mL、1.0 μg/mL 和 1.5 μg/mL 的组胺溶液，动物按每千克体重 0.1 mL 给药。

②供试品溶液：按《中国兽药典》该品种项下规定的剂量，配成适当浓度的供试品溶液，实验时，要求供试品溶液与对照品稀释液的注入体积应相等。

将猫称重，用 5%戊巴比妥钠按每千克体重 1 mL 腹腔注射麻醉。麻醉后仰卧固定于保温手术台上，颈部手术，分离气管并做气管插管，分离一侧颈动脉，并在动脉下穿两根线，一线靠远心端将动脉结扎，近心端用动脉夹夹住，压力换能器与动脉插管连接，插管中预先注入肝素生理盐水，在颈动脉上剪一“V”形切口，向心方向插入动脉插管，并结扎好。分离股静脉，并做股静脉插管，供注射药液用。

压力换能器的一端与生物机能系统相连接，打开电脑，进入生物机能系统，选择“血压测定”或“压力”项目，打开动脉夹，即可记录动物血压的变化(一般为 13.3～16.0 kPa)。

按动物体重从静脉插管中注入对照品稀释液 0.5 μg/mL(每千克体重 0.1 mL)，立即注入适量的生理盐水，将药液缓冲入体内，记录并保存血压变化值。

当血压回升恢复到正常值时，注入第二针对照品稀释液 1.0 μg/mL，操作同上，第三针注入对照品稀释液 1.5 μg/mL，操作相同，重复 2～3 次给药。相邻两次注射的间隔时间应一定(3～5 min，每次注射应在前一次反应恢复稳定后进行)。

如 0.1 μg/kg 剂量所致的血压下降值均不小于 2.67 kPa(20 mmHg)，同时相应各剂量所致反应的平均值有差异，可以认为该动物的灵敏度符合规定。

取对照品稀释液按动物每千克体重注射组胺 0.1 μg 的剂量(d_s)，供试品溶液按正文中规定的剂量(d_T)，照下列次序注射一组 4 个剂量 d_s、d_T、d_T、d_s。

【结果判定】

①以第一与第三、第二与第四剂量所致的反应分别比较；

②如 d_T所致反应值均不大于 d_s所致反应的一半，即认为供试品的降压物质检查符合规定，否则应按上述次序继续注射一组 4 个剂量，并按相同的方法分别比较两组内各对 d_s、d_T剂量所致的反应值；

③如 d_T所致的反应值均大于 d_s所致的反应值，即认为供试品的降压物质检查不符合规定；否则另取动物复试。如复试的结果仍有 d_T所致的反应值大于 d_s所致的反应值，即认为供试品的降压物质检查不符合规定。

九、过敏反应检查法

【实验目的】

将一定量的供试品溶液注入豚鼠体内，间隔一定时间后静脉注射供试品进行攻击，观察动物出现过敏反应的情况，以判定供试品是否引起动物全身过敏反应。

【实验原理】

当制剂中的某些物质以抗原或半抗原再次进入机体，抗原与抗体结合成抗原抗体复合物，导致机体组织细胞损伤。肥大细胞释放组胺等过敏物质，造成动物机体出现过敏反应，如水肿、咳嗽、呼吸困难、休克等。

【实验材料】

①动物：健康豚鼠，体重 250～350 g/只，雌者无孕。

②器材：电子秤，移液器，注射器，手术剪，碘酒和动物标示液。

③药品：氯化钠注射液，供试品溶液均按《中国兽药典》该品种项下规定的剂量配制成所需的供试品溶液。

【实验方法】

①取上述豚鼠 6 只，称重，编号，隔日每只豚鼠每次腹腔注射供试品溶液 0.5 mL，连续注射 3 次致敏。

②致敏后将豚鼠均分 2 组，每组 3 只，分别在首次致敏后第 14 天和第 21 天，静脉注射供试品溶液 1 mL 进行攻击，除另有规定外，观察静脉注射后 30 min 内出

现的症状。

③每日观察每只豚鼠的行为与特征。

④首次致敏和攻击前称取和记录豚鼠体重。

【结果判定】

静脉注射供试品溶液后 30 min 内，豚鼠不得出现过敏反应，如有竖毛、喷嚏、干呕、连续咳嗽 3 声和呼吸困难等现象中的 2 种或 2 种以上者，或者出现抽搐、休克、死亡现象之一者，判定为供试品过敏反应检查不符合规定。

【注意事项】

①观察豚鼠的过敏反应，可以用 10%的人血白蛋白溶液按上述方法进行实验。

②壮年豚鼠对过敏反应最为敏感，为首选动物。

③激发过敏时室温不应低于 18 ℃，实验后的豚鼠不能再做过敏实验用。

④凡供注射的生化制剂，动物内脏制剂以及含特异性蛋白较多的中草药制剂须考虑做过敏性实验。

【思考题】

①过敏反应的发生机理。

②如何处理过敏反应。

十、皮肤刺激性实验

【实验目的】

刺激性实验是用于评价药物制剂在其直接给药部位的短期危害。通过实验熟悉刺激性实验方法，掌握刺激反应的评判指标。

【实验原理】

将供试药物用于局部组织，观察其对组织是否引起红肿、出血、变性和坏死等刺激症状，作为观察药物毒性作用和选择合理给药途径的参考。

【实验材料】

①动物：首选白兔，成年，健康，皮肤无损伤，每组 4～6 只，雌雄各半。

②器械：游标卡尺，注射器，毛剪，镊子。

③药品：受试物。液体受试物一般不需稀释，可直接使用原液。若受试物为固体，应将其研磨成细粉状，并用水或其他无刺激性溶剂充分湿润，以保证受试物与皮肤有良好的接触。使用其他溶剂，应考虑到该溶剂对受试物皮肤刺激性的影响。

【实验方法】

①实验准备：采用同体左右侧自身对比，设赋形剂对照，实验前 24 h 给药区(通常在背部)进行脱毛处理(可用脱毛剂)。去毛范围左右各 3 cm×3 cm，有损伤

的皮肤不能进行实验。

②给药剂量与方法：吸取受试物 0.5 mL，直接涂布于一侧已去毛的皮肤上，然后用两层纱布(2.5 cm×2.5 cm)和一层玻璃纸覆盖，再用无刺激胶布和绷带固定；另一侧皮肤作为对照。4 h后，除去受试物，用温水或无刺激性溶剂清洁给药部位。

③观察指标：表 5-15 给出评分标准对皮肤和水肿进行评分。

皮肤刺激反应评分标准见表 5-15。

表 5-15 皮肤刺激性反应评分标准

皮肤反应性	分值	皮肤反应性	分值
红斑		水肿	
无红斑	0	无水肿	0
轻度红斑	1	轻度水肿(皮肤明显隆起)	1
中度红斑	2	中度水肿(皮肤隆起 1 cm)，轮廓清楚	2
重度红斑	3	重度水肿	3
紫红色红斑到轻度焦痂形成	4	严重水肿	4
最高分值	8		

【结果判定】

单次给药皮肤刺激性实验，计算每一观察时间点各组受试动物及赋形剂皮肤反应积分的平均分值。

皮肤刺激强度评分标准见表 5-16。

表 5-16 皮肤刺激强度评分标准

分值	评价	分值	评价
0～0.49	无刺激性	3.00～5.99	中度刺激性
0.50～2.99	轻度刺激性	6.00～8.00	强刺激性

【注意事项】

①受试物药量：一般固体为 0.5 g，液体为 0.5 mL。

②刺激性实验还可用眼、血管、肌肉、直肠、阴道等器官和组织进行实验，应根据药物给药途径的不同做出相应的选择。

【思考题】

①简述刺激药引起局部炎症反应的机理。

②简述使用刺激性大的药物时要注意什么？

十一、溶血性实验

【实验目的】

掌握溶血实验操作方法，掌握溶血程度的评价。

【实验原理】

溶血是指红细胞破裂、溶解的现象。药物制剂引起的溶血反应包括免疫性溶血与非免疫性溶血。免疫性溶血指药物通过免疫反应产生抗体引起溶血，非免疫性溶血包括药物为诱发因素导致的氧化性溶血和药物制剂引起的血液稳定性改变导致的溶血和红细胞凝聚等。溶血实验观察受试物是否会引起溶血和红细胞聚集等反应。

有些药物由于含溶血性成分如皂苷或物理、化学、生物等方面的原因，直接注射入血管后可产生溶血现象或产生血细胞凝聚。凡是注射剂和可能引起免疫性溶血或非免疫性溶血的药物制剂，均应进行溶血性实验。

皂苷是一类表面活性剂，具有溶血作用，将一定量的待试药物加入2%兔红细胞生理盐水混悬液中，观察有无凝血现象，作为注射剂安全检查的指标之一。

【实验材料】

①动物：兔，体重(2.5±0.5)kg/只。

②器材：移液器，试管，试管架，恒温水浴箱，带盖三角瓶，玻璃珠，天平。

③药品：供试物。

【实验方法】

红细胞混悬液的制备：心脏采取兔血约10 mL，放入含有玻璃珠的三角瓶中振荡10 min，除去纤维蛋白原，加入10倍量的生理盐水，摇匀，1 500 r/min离心15 min，除去上清液，沉淀的红细胞再用生理盐水洗涤2～3次，至上清液不显红色为止。将所得的红细胞根据压积，配成2%的红细胞混悬液。

取洁净试管5支，编号，1号、2号管为供试品，3号管为阴性对照，4号管为阳对照(完全溶血对照)，5号管为空白对照，按表5-17依次加入处理，混匀后，立即放入37 ℃恒温箱中进行温育，3 h后观察溶血反应，实验结果记录于表5-17中。

表5-17　溶血实验给药剂量

项目/mL	试管编号				
	1	2	3	4	5
2%的红细胞混悬液	2.5	2.5	2.5	2.5	
生理盐水	2.2	2.2	2.5		4.7

续表 5-17

项目/mL	试管编号				
	1	2	3	4	5
蒸馏水				2.5	
供试品溶液	0.3	0.3			0.3

【结果判定】

阴性对照管无溶血，阳性对照管有溶血，若供试管在 3 h 内不发生溶血现象，样品的溶血检查符合规定；如出现溶血，则不符合规定。

【注意事项】

①红细胞悬液以现制备现用为好，不用时可放入冰箱冷藏，时间不宜过长。

②本实验可同时观察样品有无凝聚反应，将试管口封住，倒管 3～5 次，用肉眼观察溶液中有无黑色状颗粒物，如有，说明样品有凝聚反应，不符合规定。

小贴士：加强兽药产业的科技攻关和创新能力建设，按照“党的二十大加快实施创新驱动发展战略”精神，面向世界科技前沿、面向经济主战场、面向国家重大需求，加快实现高水平科技自立自强，重点围绕兽药新制剂、新工艺、新产品等关键技术，实现兽药产品质量控制与创新机制突破。提升兽药研发技术水平，为给人民群众提供绿色健康动物性食品提供保障。

【思考题】

①造成溶血的因素有哪些？

②哪些药物对红细胞有保护作用？

第六章　探索性实验

实验六十六　实验设计Ⅰ：考察未知药物对离体肠蠕动的影响

【实验目的】

通过合理的实验设计，利用离体实验方法快速准确地检定未知药物。

【实验原理】

乙酰胆碱能够激动肠管平滑肌上 M 受体，使肠管收缩。阿托品为胆碱受体竞争性拮抗剂，可以阻断乙酰胆碱对肠管的收缩作用，而单独使用阿托品对正常状态的肠管作用不明显。肾上腺素通过激动平滑肌上 α-受体使肠管松弛。

【实验材料】

①动物：家兔，体重(2.5±0.5)kg/只。

②器材：RM6240 多媒体生物信号记录分析系统，计算机，张力传感器，麦氏浴槽，超级恒温水浴箱，氧气瓶，通气钩，高位吊瓶，量筒，烧杯，滴管，培养皿，注射器，外科剪刀，眼科镊子，缝衣针和棉线。

③药品：A、B、C、D 4 种未知药物。

【实验方法】

1. 调试 RM6240 系统，使进入肌张力测定状态

①打开计算机并打开 RM6240 多媒体生物信号记录分析系统开关。确定张力换能器与通道 1 连接。

②进入 RM6240 菜单。选择通道 1，在界面右侧控制参数区选择“张力”，选择“3 g”，扫描速度 1.0 s/格子数，确定信号输入。在工具菜单选择快速归零。

③在主菜单中选择“示波”，进入示波状态。

④在主菜单工具栏中“网格切换”将背景网格切换为细格，并在选项中选择波形颜色为红色。此时肌张力测试调试完毕。

2. 调节仪器

将超级恒温水浴箱温度调节至(38.5±0.5)℃，向麦氏浴槽中加 30 mL 台氏液，通入氧气(1～2 个气泡/s)。

3. 制备肠管标本

取家兔1只，以左手提其髂骨上部，右手执木棒击其后头部至晕后，迅速剪开腹腔，剪取整段空、回肠置于冷的台氏液中，除去肠系膜，将肠内容物冲洗干净，剪成2 cm小段肠管备用。

4. 装入麦氏浴槽及给药

将肠管标本两端用缝针各穿一线。一端打一空结(约1 cm小套)，另一端穿上长线打结，用眼科镊钳住空结固定于通气钩上，放入麦氏浴槽中，将另一端长线的近端打一空结，挂在张力换能器的小钩上，调节换能器高度，使前负荷为1 g，稳定标本20 min。在主菜单下选择"记录状态"，先描记一段正常曲线，然后按下列顺序给药。

①向麦氏浴槽中加入A药0.2 mL，同时用标记框在屏幕上做给药标记，观察肠段反应。当反应最明显时，按暂停键，将计算机转入"示波状态"。用台氏液冲洗肠管3遍，稳定标本15 min，加入下列药物。

②将系统重新转入"记录状态"，描记一段正常曲线后，向麦氏浴槽中加入B药0.2 mL并做标记，观察曲线变化，1 min后加入A药0.2 mL并做标记，观察肠段反应。然后将计算机转入"示波状态"后，用台氏液冲洗肠管3遍，至标本稳定。

③将系统重新转入"记录状态"，描记一段正常曲线后，向麦氏浴槽中加入C药0.1 mL并做标记，观察曲线变化。将计算机转入"示波状态"后，用台氏液冲洗肠管3遍，至标本稳定。

④将系统重新转入"记录状态"，描记一段正常曲线后，向麦氏浴槽中加入D药0.2 mL并做标记，观察曲线变化。在主菜单下选择"结束实验"，保存实验结果，激活工具栏，系统进入分析状态。

【实验结果】

在主菜单下选择"数据编辑"命令，然后通过剪切，选择剪切区域，将4次记录结果编辑在一个屏幕中。

在主菜单下打印项进行打印模式设置，记入测量、学生及实验信息后，预览、打印。

以描图及文字记录分析正常离体肠管的张力和舒缩情况，加入药物后的反应，并对结果进行讨论分析。

提示：已知A、B、C、D药分别为5×10^{-4}氯化乙酰胆碱溶液，0.5%硫酸阿托品溶液，0.1%盐酸肾上腺素溶液，20%氯化钡溶液。

【注意事项】

①操作时应避免牵拉肠管,以免造成肠管活性不好。

②穿肠段时,应十字交叉穿线,并用单线。

③保护张力换能器,切不可牵拉过度。

④给药时将药液直接加入麦氏浴槽内,既不要碰线也不要碰壁。

【思考题】

①乙酰胆碱有哪些药理作用?

②阿托品对肠平滑肌运动的影响有何临床应用?

实验六十七　实验设计Ⅱ:考察未知药物的镇静催眠作用

【实验目的】

学生提前查阅资料,筛选1味中药,分别提取其水溶性组分与有机溶剂组分,观察未知中药组分的镇静催眠作用。

【实验原理】

某些中药成分或组分具有镇静催眠作用。提取所选中药的水溶性组分与有机溶剂组分,观察对小鼠的镇静催眠作用以及对抗中枢兴奋药引起的惊厥行为。

【实验材料】

①动物:小鼠5只,体重18～22 g/只。

②器材:注射器,天平,钟罩。

③药品:中药水溶性组分为中药A,有机溶剂组分为中药B,0.04%回苏灵溶液。

【实验方法】

取性别相同,体重相近的小鼠3只,编号,称重,然后作下述处置。

1号鼠腹腔注射中药A。

2号鼠腹腔注射中药B。

3号鼠腹腔注射中药B。10 min后再皮下注射0.04%回苏灵溶液(每10克体重0.2 mL)。

将3鼠分别置于钟罩内,比较所出现的药物反应及最终结果。

【实验结果】

在表6-1中记录实验结果。

表 6-1 不同溶剂浸提同一中药的镇静催眠作用

小鼠编号	性别	体重/g	第一次给药		第二次给药		两药相互作用类型
			药名及剂量	给药后反应	药名及剂量	给药后反应	
1							
2							
3							

【注意事项】

①每次注射之前应充分冲洗注射器，以免影响药效。

②镇静催眠药均属于中枢抑制药，进行动物实验时往往不能区分镇静与催眠作用。镇静作用指标主要是自发活动减少；催眠作用则以动物的共济失调为指标，当环境安静时，可以逐渐入睡。翻正反射的消失可以代表催眠作用，又可反映催眠药的麻醉作用。

③实验环境需安静，室温以 20～25 ℃为宜。

【思考题】

在合并用药过程中可以通过哪几种方式发生相互作用，可能引起哪些后果？

拓展知识 6-1

中华人民共和国农业农村部公告 第 250 号

为进一步规范养殖用药行为，保障动物源性食品安全，根据《兽药管理条例》有关规定，我部修订了食品动物中禁止使用的药品及其他化合物清单，现予以发布，自发布之日起施行。食品动物中禁止使用的药品及其他化合物以本清单为准，原农业部公告第 193 号、235 号、560 号等文件中的相关内容同时废止。

农业农村部

2019 年 12 月 27 日

拓展知识 6-2

食品动物中禁止使用的药品及其他化合物清单

1. 酒石酸锑钾(Antimony potassium tartrate)

2. β-兴奋剂(β-agonists)类及其盐、酯

3. 汞制剂：氯化亚汞(甘汞)(Calomel)、醋酸汞(Mercurous acetate)、硝酸亚汞(Mercurous nitrate)、吡啶基醋酸汞(Pyridyl mercurous acetate)

4. 毒杀芬(氯化烯)(Camahechlor)

5. 卡巴氧(Carbadox)及其盐、酯

6. 呋喃丹(克百威)(Carbofuran)

7. 氯霉素(Chloramphenicol)及其盐、酯

8. 杀虫脒(克死螨)(Chlordimeform)

9. 氨苯砜(Dapsone)

10. 硝基呋喃类:呋喃西林(Furacilinum)、呋喃妥因(Furadantin)、呋喃它酮(Furaltadone)、呋喃唑酮(Furazolidone)、呋喃苯烯酸钠(Nifurstyrenate sodium)

11. 林丹(Lindane)

12. 孔雀石绿(Malachite green)

13. 类固醇激素:醋酸美仑孕酮(Melengestrol acetate)、甲基睾丸酮(Methyltestosterone)、群勃龙(去甲雄三烯醇酮)(Trenbolone)、玉米赤霉醇(Zeranal)

14. 安眠酮(Methaqualone)

15. 硝呋烯腙(Nitrovin)

16. 五氯酚酸钠(Pentachlorophenol sodium)

17. 硝基咪唑类:洛硝达唑(Ronidazole)、替硝唑(Tinidazole)

18. 硝基酚钠(Sodium nitrophenolate)

19. 己二烯雌酚(Dienoestrol)、己烯雌酚(Diethylstilbestrol)、己烷雌酚(Hexoestrol)及其盐、酯

20. 锥虫砷胺(Tryparsamile)

21. 万古霉素(Vancomycin)及其盐、酯

实验六十八　实验设计Ⅲ:考察未知抗菌药物对常见病原菌的抗菌活性

【实验目的】

了解未知抗菌药物的体外抑菌作用;初步了解实验的一般方法和实验结果的判断。

【实验原理】

恩诺沙星、青霉素、庆大霉素和多黏菌素虽然同属于抗菌药,但抗菌谱不同。通过和未知抗菌药物药敏实验结果进行比较,可以考察未知抗菌药物的抗菌活性。在平板抑菌实验中,药物对细菌抗菌活性越强者,其抑菌圈越大,即细菌对该药物的敏感度越高;反之,则抑菌圈越小,即细菌对该药的敏感度越低;药物对细菌无作用者,则在细菌平板上无抑菌圈出现。这样,通过测量药物对细菌琼脂平板的抑菌

圈直径大小，即可比较出上述各药的体外抗菌作用。

由于临床不合理使用抗菌药物，导致近年来细菌耐药性问题日益严峻。为有效避免抗微生物药物滥用对公共健康、经济增长和社会经济稳定构成的严重威胁，根据中华人民共和国农业农村部第 194 号公告规定，自 2020 年 1 月 1 日起，退出除中药外的所有促生长类药物饲料添加剂品种，兽药生产企业停止生产、进口兽药代理商停止进口相应兽药产品，同时注销相应兽药产品批准文号和进口兽药注册证书。自 2020 年 7 月 1 日起，饲料生产企业停止生产含有促生长类药物饲料添加剂（中药类除外）的商品饲料。

【实验材料】

①菌株：金黄色葡萄球菌，大肠埃希菌和铜绿假单胞菌。

②器材：灭菌棉签或接种环，无菌小镊子，测量尺，玻璃铅笔，无菌平皿，无菌试管，无菌吸管，微量移液器，恒温箱，牛津杯和超净工作台。

③药品：含恩诺沙星、庆大霉素、多黏菌素 E(B)、青霉素的药敏实验纸片或 80 μg/mL 诺氟沙星药液、50 μg/mL 庆大霉素药液、50 μg/mL 多黏菌素 E(B)药液、50 μg/mL 青霉素 G 药液、未知抗菌药物（新抗生素、中药制剂、复方制剂等）药液，MH 培养基，MH 培养基琼脂平板。

【实验方法】

①取预先制备好的 MH 琼脂培养基平板 3 个，以无菌小棉签（或接种环）蘸取金黄色葡萄球菌液（1 mL 菌液约含 3 亿个细菌），然后将其在管壁上旋转几周挤去多余的接种液后，用棉签在 MH 琼脂培养基平板的全部干燥表面划线接种重复 3 次。每次平板旋转 60°，保证接种液均匀分布。即制得 3 个金黄色葡萄球菌琼脂平板。用同样方法，再制得大肠埃希菌和铜绿假单胞菌琼脂平板各 3 个。为了防止混淆，在平皿盖上用玻璃铅笔做上标记。

②接种后 15 min 内尽快放上各种抗菌药的药敏实验纸片。用无菌小镊子分别取含有恩诺沙星、庆大霉素、多黏菌素 E(B)、青霉素 G 及未知抗菌药物的纸片各1 张（或取牛津杯放置平皿菌层上，将定量药液加入杯内，药液与杯面相平为准），先后放在一个细菌琼脂平板表面的不同区域（为了位置间隔准确，最好事先在平皿底面用玻璃铅笔做上记号），盖好平皿盖。然后，再将其余 8 个细菌琼脂平板也按上法放好药物纸片（或加入药液），盖好平皿盖。将它们全部放于恒温培养箱中，37 ℃培养 24 h。

③将培养 24 h 后的细菌培养皿取出，观察有无抑菌圈，测量皿中各药物纸片（或牛津杯）周围抑菌圈的直径，做好记录并计算出各药抑菌圈直径的平均值。比较各药抑菌圈直径的平均值，即可比较出各药对金黄色葡萄球菌、大肠埃希菌和铜

绿假单胞菌的体外抗菌作用。

【实验结果】

实验结果记录于表 6-2 中。

表 6-2　某未知抗菌药物抑菌圈直径　mm

药物	抑菌圈平均直径		
	金黄色葡萄球菌	大肠埃希菌	铜绿假单胞菌
恩诺沙星			
青霉素 G			
庆大霉素			
多黏菌素			
未知抗菌药物			

【注意事项】

①在接种细菌和放置药用纸片时应注意无菌操作，测量抑菌圈时要仔细准确并及时做好记录。

②琼脂平板的厚度可影响抑菌圈的大小，一般为 2～3 mm。

③药物敏感实验结果判断标准：抑菌圈直径小于 10 mm 为耐药，等于 10 mm 为轻度敏感，在 11～15 mm 为中度敏感，大于 16 mm 为高度敏感。

④实验用各药物纸片为临床检验所常用。价廉、易购。如欲自制可参考临床检验专著。

【思考题】

①喹诺酮类抗菌药的抗菌作用特点是什么？临床上有哪些用途？

②青霉素的抗菌作用机制、主要用途及主要不良反应有哪些？

③庆大霉素的抗菌作用机制、主要用途及主要不良反应有哪些？

④简述多黏菌素 E(B)的抗菌作用机制、主要用途及主要不良反应。

⑤未知抗菌药与抗生素类药相比有什么优缺点？

第七章　新兽药临床前研究的基本知识

根据中华人民共和国农业部令第 44 号《兽药注册办法》和农业部公告第 442 号，将新兽药定义为"国内外未上市销售的兽用原料及其制剂"（化学药品注册分类第一类）。新兽药开发需要许多环节，其中临床前的研究主要包括：①药学研究：确证其化学结构或组分，原料药生产工艺研究，制剂处方及工艺研究，质量控制研究，稳定性研究；②药理毒理研究：主要药效学实验，作用机制研究，药代动力学实验，安全药理学实验，微生物敏感性实验，急性毒性实验，亚慢性毒性实验，致突变实验，生殖毒性实验（含致畸实验），慢性毒性（含致癌实验），过敏性（局部、全身和光敏毒性）、溶血性和局部（血管、皮肤、黏膜、肌肉等）刺激性等主要与局部、全身给药相关的特殊安全性实验。然后，总结各种实验结果，确认该药为有效、安全，经各省市畜牧局批准或备案进行新兽药临床实验。临床实验结束后，经农业农村部批准，即可进行新兽药的批量生产，投放市场。纵观新兽药开发的全过程，临床前药理毒理评价是较为耗时、耗资且内容较多、要求较严的一个环节。随着医药技术水平的提高，对各种疾病认识的不断深入，使得对药物疗效及安全的要求日趋严格，新兽药临床前的药理毒理研究工作更为重要，任务也更为艰巨。下面就新兽药的药理毒理研究内容做简要介绍。

一、药效学研究

要确定某种合成或提取的化合物是否具有某种疗效，必须进行药效学研究。通过严谨的科学设计和实验，来真实反映新兽药的疗效并进行评价。以下就药效研究的实验设计，尤其是研究过程中需着重考虑的几个问题加以阐述。

1. 动物选择

一般实验动物用小鼠、大鼠、豚鼠、家兔、犬和猴等。所有实验动物必须正常、健康。由于不同种类的动物，其生理功能、代谢特点等有所不同，所以在判定某个实验结果时，需采用 2 种或 2 种以上的动物进行实验。一般包括啮齿类和非啮齿类动物，前者常用小鼠、大鼠，后者常用犬等。实验研究中，可依据实验目的选择合适的动物。通常动物在生长期、年龄、大小与体重相一致，可以根据体重估算年龄。各种动物比较合适的体重是：小鼠 18～20 g，大鼠 180～220 g，豚鼠 300 g 左右，兔 2 kg 左右，猫 2～3 kg，犬 5～15 kg。一般实验采用接近成年或成年动物，但也有例外，如用于筛选抗衰老药物的动物，需老年动物。另外，同种实验的动物体重尽可能相近，差异小于 10％，如无特殊要求，动物要求雌雄各半。

2. 模型

新兽药研究发展较快的原因之一是成功构建了各种实验动物病理模型，它为有效地寻找新兽药，进行实验治疗开辟了广阔前景。实验模型必须能够反映临床疾病的病理生理过程，同时希望能反映药理作用的本质。若选用的实验模型及方法与临床疾病越相似或相近，则所得结果的说服力越强，其价值就越大。药效研究实验模型一般分体内和体外 2 种。体外法常用细菌培养和细胞培养的方法筛选药物的抗菌活性或对细胞代谢的影响或直接进行生化指标的测定；有时也采用离体器官组织如蟾蜍心脏、神经组织、豚鼠肠管等研究各种药物作用。体外模型的优点是可进行大量的药效筛选实验，省时省力，干扰因素易控制，同时可发现新药的作用机制，但出现假阳性或假阴性结果的可能性较大，所以体外法常用于初筛研究。体内法即在体动物实验，首先构建与兽医临床疾病相似或接近的动物模型，然后给药观察。

3. 指标

考察药效的大小优劣，应根据实验目的，选择与治疗效果有关的病理生理变化项目作为评价药效的指标。这些指标力求客观、专一、灵敏和简便，即要求指标反映问题的本质，避免把一些与病理生理变化无明确联系或模糊不清或有争议的项目列为评定药效的指标。如研究治疗急性肝炎的药物疗效时，可选用谷丙转氨酶活力作为观察指标，也可以肝组织病理变化为指标，只有当对某种药物的药效基本确定时，方可增加一些与疾病变化有关的且更为深入的项目进行观察，以便揭示药物的作用机制。

4. 剂量

进行药效实验的药物剂量，一般根据该药急性毒性实验测得的半数致死量（LD_{50}）值初步估算，常用 1/5～1/3 LD_{50} 的量作为药效实验时的剂量。如果药物起效的剂量超过 1/3 LD_{50}，说明该药已不够安全，不具开发前途。总之，要遵循这样一个原则，即在机体能够接受的剂量下，观察药物对机体产生的作用及其规律。如果所用剂量过小，不足以产生明显的药效，则有漏筛的可能；如果剂量过大，虽有药效，但同时可能出现一些毒副反应，与药效混淆，难以进行评价。在摸索有效剂量值时，常常做剂量反应曲线，先做多种剂量下的药效反应，根据剂量与效应的关系，绘出剂量-效应曲线，从而找出有效剂量值。

5. 对照

生物实验设计必须要有对照的概念，一方面由于生物个体间本身存在着差异；另一方面人在实验操作时也存在误差，这些均会影响生物实验的最终结果，进而影响药效的客观评价。此外，新药药效评价还要反映药物疗效的优劣，若实验设计不设对照组，即使供试药物疗效很好，也很难判定为好药。同样，疗效不明显时，也不能轻易断定不是好药。不考虑实验模型的可靠性，结果自然缺乏说服力。因此，设立对照组非常必要，对照的意义在于尽可能减少生物间的个体差异，消除检测仪器的系统误差，从而突出新药的药效。一般设立 2 种或 2 种以上对照，如空白对照、阳性对照或阴性对照，这样既能反映药物的治疗效果，又能比较新老药物的优劣。若条件允许，可设阳性药和新药合用组，即"析因设计"，其优点是可以观察到两药的协同、拮抗或相加作用，为研究药物作用机制和临床合理用药提供依据。设立对照要注意同一时间、地点、同批动物、同等数量、同样的条件，否则失去对照意义。

6. 统计

要从实验获得的大量数据中判断药物作用的情况，必须借助于生物统计方法。进行统计的目的是判断新药是否有效，以及比较新药、老药之间药效的强弱。统计之前，首先要检查实验资料，如设计是否合理，指标是否客观，记录是否完整、准确，然后再统计。药效实验中统计常用显著性检验来完成，如 t 检验可用于比较两组数据间的差异；方差分析则用于多组间比较等。应当指出统计只能说明数据的变动有无显著性差异，进行药物疗效判断时，还要结合药理学和临床医学知识加以分析。

7. 其他

整个实验过程中，需秉承严肃的科学态度、采用严谨的方法开展研究工作，实验设计必须遵循随机、重复、对照三大原则。实验中出现的各种变化，要认真详细地记录并加以分析，力求得出明确可靠的结论。同时，对使用的各种仪器和试剂也都要按 GLP 实施管理，使我国新兽药研究更上一个水平。

二、作用机制研究

新兽药作用机制的研究属于与治疗作用有关的主要药效学实验项目，机制研究往往是新兽药药效评价工作的深入。在提出药物适应证的同时，提出药物的构效关系，为设计发现新药提供线索，还可以从机制分析中发现一些疾病的病理变化的新概念、新认识。对于机制研究方法，可因药物作用性质而进行设计。目前，这方面的基础研究工作不断深入，实验手段不断创新，从常规的生化指标测定分析到最新技术应用，如受体分析、电生理技术、电子显微镜、生物工程技术以及先进的测试仪器，使新兽药作用机制研究逐渐深入到细胞、分子和基因水平。总之，是为了确定新兽药产生作用的部位和环节，阐明新兽药是如何起作用的。在进行机制研究时要注意，选择的研究目标要有一定的科学依据，必须与疾病变化有重要联系或存在着某种尚未正式论证的联系。若把与药效无关的指标定为实验对象，即使研究得很深入，也可能得不到所需的结论。这是在机制分析实验设计时要考虑到的。

三、药代动力学研究

新兽药的药代动力学研究是新兽药临床前药理工作的一个组成部分。它指药物体内过程研究，即药物的吸收、分布、代谢和排泄，有助于深入认识新兽药药效特点，明确药物作用的靶器官，体内分布和毒理效应关系，以及药物体内蓄积、代谢情况。通过分析血药浓度经时变化，求得药物清除率、表观分布容积(V_d)、峰浓度(c_{max})、峰时间(T_{max})、消除相半衰期($t_{1/2}\beta$)及有关参数，这些参数对临床实验用药剂量及间隔时间等方面设计有指导意义。考虑到实验动物种属之间，实验动物与临床靶动物之间存在着生理代谢等方面的差异，新兽药的药代动力学研究尽可能选择 2 种以上实验动物进行，并做一种实验动物的高、中、低 3 个剂量组，以便发现种属间代谢等方面的差异和不同剂量对动力学参数的影响，对于实验动物身上得到的有关参数，推算到临床靶动物时要持谨慎态度，千万不可将实验动物数据直接应用于临床靶动物。有关药代动力学计算和详细的实验方法，请阅读有关专著。

四、安全药理学研究

新兽药评价中的安全药理学研究是指对已筛选出的化合物进行系统药理作用的观察，以便全面了解该药的作用范围、特点和毒副反应。我国新兽药审批办法规定，用产生主要药效作用的剂量与给药途径对清醒或麻醉动物进行安全药理学研究，一方面可以观察到除治疗作用以外的较广泛的药理作用，以便发现新用途和药理作用的原理，或对那些靶器官有较为明显的毒性反应，以便为临床实验提供关于副作用、注意事项等资料。完成主要药效研究的同时，作为新兽药临床前药理研究，必须完成安全药理学研究项目，这既是药效实验的展开，又是毒性实验的基础，是对除了表现为药效的特定作用以外的药物广泛药理作用的观察。安全药理学研究的基本要求是对神经系统、心血管系统和呼吸系统的全面观察，如给药后的活动情况和行为变化，记录心率、心电图、血压的变化以及呼吸频率和深度变化。同时针对不同类型的药物，根据它们的作用特点和应用目的，安全药理学研究在方法和项目上又有所侧重。如对神经系统作用的药物，在进行安全药理学研究时，多设一些与神经系统有关的观察指标，对另外其他系统进行基本观察。总之，安全药理学在观察研究方法项目上既有代表性又有针对性。

五、微生物敏感性实验

当申请的新兽药为抗感染药物或抗寄生虫药物时，必须提供抗微生物或抗寄生虫药物对历史和现行临床分离的细菌和寄生虫的敏感性进行比较研究。具体内容参见相关指导原则。

六、新兽药的毒理学研究

任何一种新兽药在推荐临床试用前必须进行周密、细致、认真的毒性研究，对新兽药的安全性做出全面的评价，以便剔除毒性大的化合物，并找出发生不良反应的靶器官和组织。此外，还要尽可能地找出这些不良反应与剂量、疗程之间的关系以及毒性作用是否可逆和如何预防。按照我国农业部的有关规定，新兽药的毒理学研究内容包括急性毒性实验、亚慢性毒性实验、致突变实验，生殖毒性实验（含致畸实验），慢性毒性（含致癌实验），过敏性（局部、全身和光敏毒性）、溶血性和局部（血管、皮肤、黏膜、肌肉等）刺激性等主要与局部、全身给药相关的特殊安全性实验。

1. 急性毒性实验

急性毒性实验是指机体一次或短时间内（24 h）多次接受大剂量某种药物后所产生的快速而剧烈的中毒反应，包括死亡效应，是药物安全性评价的第一道关卡。其实验目的有：①测定药物的半数致死量（LD_{50}）及相关参数；②通过观察药物的急性中毒症状，揭示药物的毒性靶器官，以及对靶器官的特异性作用，提供毒性作用机制分析的资料；③为慢性毒性实验提供给药剂量设计依据。实验动物一般多用小鼠，有时也用大鼠。观察时间视毒性反应出现快慢而定，一般1～2周。对于拟推荐给临床的新药，按新药审批法规相关规定，要求采用两种给药途径，其中一种必须是推荐临床研究的给药途径，观察时间为14 d。其实验方法详见本教程“实验六十五　药物制剂的安全性初步评价实验”。

2. 亚慢性毒性实验

亚慢性毒性作用，系实验动物连续多日接触较大剂量的药物所引起的中毒效应。其“较大剂量”的上限应小于急性的 LD_{50} 值；要求每次（日）接触的剂量一般相等;“连续多日接触”,一般为3～6个月。目前有些实验证明,实验动物反复连续接触药物3个月,其中毒效应往往与再延长接触时间所表现的基本相同。亚慢性毒性实验目的如下。

①初步探讨实验动物较长期接触药物可以引起的有害效应的剂量,以估计该药物慢性接触的危险性;并为进一步进行慢性毒性实验提供接触剂量的设计范围。

②探讨亚慢性接触的阈剂量(阈浓度),初步提出接触该药物的限量标准参考数值。

③依据药物对实验动物亚慢性毒作用的效应,确定慢性毒性实验的观察指标。

④对药物的蓄积毒性作用和其他毒效应进行实验。

总之,亚慢性毒性作用实验的目的主要是为药物的慢性毒性实验进行探索性或准备性工作。

在实际工作中,常以急性毒性的阈剂量为亚慢性毒性实验中的最高剂量,或者以受试物的急性 LD_{50} 值的1/20～1/5为最高剂量。设计高、中、低3个剂量组和1个对照组,各剂量组间的剂量至少应相差2倍或2倍以上。每个实验组和对照组的动物数应相同,体重应相近(组内动物个体体重相差不应超过平均体重的10%,组间平均体重相差不应超过5%)。每组动物数:小动物10～20只,大动物4～8只。其实验方法,详见本教程“实验六十五　药物制剂的安全性初步评价实验”。

3.慢性毒性实验

慢性毒性实验主要观察动物因连续用药而产生的毒性反应,根据动物的毒性资料来判断一个新药是否有进一步开发研究的价值,并为选择临床初始剂量提供依据。慢性毒性实验的目的及意义决定了其实验设计的基本原则应是全面、严谨、合理。整个实验过程中必须严格控制条件,尽可能排除药物以外的其他影响,观察指标应能有针对性地反映供试药物毒性性质,最终结果应能解释供试药物长期应用时可能出现的毒性反应及作用特征和安全剂量的范围等。一般而言,慢性毒性实验至少应在2种动物身上进行,兼顾性别,剂量分高、中、低,同时设计不给药的空白对照组,必要的时候设溶剂对照。其实验方法,详见本教程“实验六十五　药物制剂的安全性初步评价实验”。下面具体地叙述慢性毒性实验设计时应考虑的几个重要方面。

(1)动物　至少2种动物,包括啮齿类和非啮齿类。啮齿类动物首选大鼠,起始周龄为6周,饲养观察1周后开始实验,动物数量视实验期长短而定,实验期少于90 d时,每剂量组为雌雄各10只,长于90 d,每剂量组为雌雄各20只。非啮齿类动物首选犬,起始月龄为4～12个月,每剂量组雌雄各2～3只。

各种实验动物应注明来源、品系。饲养条件必须严格控制，并始终恒定，如室温、湿度、光照、通风条件、饮水质量及营养平衡饲料等。

(2)剂量　选择无明显毒性反应的剂量水平是慢性毒性实验设计中最为困难的任务。一般需要3个剂量。第一个是足以引起肯定的毒性症状的高剂量，这种毒性症状包括该组动物实验结束时死亡率不高于10%。第二个是基本安全剂量，应高于整体动物最佳有效剂量而又不出现毒性反应。为表明毒性作用的量—效关系，在上述两个剂量之间插入一个中间剂量，应使动物产生轻微或中等程度的毒性反应。总之，高剂量的原则是在不造成过多动物死亡的情况下得到毒性作用的明确资料，低剂量则高于预计靶动物临床用剂量。以上是剂量设计的原则。在实际工作中，常在急性毒性实验基础上，参考药动学资料，或进行一些短期蓄积毒性实验，将急性毒性参数外推于长期实验。最好的办法是先用少量动物进行剂量摸索实验。

(3)给药途径　慢性毒性实验的给药途径应尽量与预期临床使用的途径一致。临床用药途径为静脉或肌内注射的，可用腹腔或皮下注射代替，内服给药的则可用灌胃或拌在食物中给药。

(4)实验周期　对新兽药的慢性毒性实验期限不同国家和各类不同药物都有不同的要求。我国规定慢性毒性实验大鼠最长为6个月，犬最长为9个月。

(5)观察指标　在整个实验阶段，至少应每天或每两天做一次详细的观察。一般日常观察的主要内容有动物的行为活动、外观、粪便等，记录每日食耗量，每周或每两周称记体重一次。在最后一次给药后24 h，剖杀部分(1/2～2/3)动物，进行血液学(红细胞计数、血红蛋白、白细胞总数及其分类、血小板、凝血时间)及血液生化学(天门冬氨酸氨基转移酶、丙氨酸氨基转移酶、碱性磷酸酶、尿素氮、总蛋白、白蛋白、血糖、总胆红素、肌酐和总胆固醇)检测，并进行系统尸检，剖取各主要器官进行脏器系数测定和病理组织学检查。留下的部分动物继续观察2～4周，再活杀检查，了解毒性反应的可逆程度和可能出现的延迟性毒性反应。实验期长于3个月时，可在实验中期活杀少量动物(高剂量组和对照组)以检查各项指标。

4.特殊毒性实验

特殊毒性实验包括致突变实验、生殖毒性实验和致癌实验，这些毒性反应常常在经过较长的潜伏期以后或在特殊条件下才会表现出来，发生率虽较低，但造成的后果都较严重，并难以弥补。因此，特殊毒性实验日益受到重视。

(1)致突变实验　致突变实验目的是检验药物是否损伤人类或哺乳动物的遗传机制，使之发生突变作用。由于致突变实验方法较多，且简便、快速、经济，其结果与致癌实验有一定的相关性，因此成了致癌实验的短期筛选手段。根据受试物的化学结构、理化性质及对遗传物质作用终点(基因突变和染色体畸变)的不同,要求新兽药必须做微生物回复突变实验,哺乳动物培养细胞染色体畸变实验和动物微核实验。前两者为离体实验,后者为整体动物实验,各有其优缺点,可用来互相补充和引证。上述实验如遇阳性或可疑阳性时,可选择其他实验,如哺乳动物培养细胞基因突变实验或果蝇伴性隐性致死实验、啮齿动物显性致死实验或精原细胞染色体畸变实验、程序外 DNA 合成实验或 SOS 显色实验做进一步研究分析。其实验方法,详见本教程“实验六十五　药物制剂的安全性初步评价实验”。

(2)生殖毒性实验　生殖毒性实验分为一段生殖实验、二段致畸实验和三段围产期实验。一段生殖实验在动物交配前给药,评价生殖细胞接触药物后对胚胎、胎儿、围产期以及断奶期的影响。实验动物通常选用小鼠或大鼠,雄性动物在交配前 60～80 d 连续给药,雌性动物在交配前 14 d 至受孕后器官形成期连续给药,观察动物的一般状况、体重变化、受孕率、死胎数、活胎数、活胎重量、外观、内脏及骨骼的变化,必要时进行组织学检查。

二段致畸实验在器官发生期给药,主要观察母体在接受药物之后,是否有胚胎毒性和致畸性。实验动物首选 Wista 大鼠或 SD 大鼠,也可用小鼠或家兔。选用 2～3个剂量,高剂量应有母体毒性反应,或为最大给药量,低剂量应为无母体和胚胎毒性反应剂量,另设溶剂对照,必要时设阳性对照。给药时间在胚胎器官形成期连续给药,如大鼠孕后 6～15 d,小鼠 6～15 d,家兔 6～18 d,全部动物于妊娠末期剖检,观察妊娠的确立,有无死胎和吸收胎及子宫内活胎发育情况,约 1/2 胎仔固定于 Bouin 氏液,做内脏检查,另 1/2 固定于酒精做骨骼畸形检查;并将数据汇总成表,各项数据经统计处理后判定药物的胚胎毒性和致畸潜力。

三段围产期实验在围产期和产后给药,检查药物对胎儿生长后期、产程、分娩、哺乳、新生儿存活及生长发育的影响。实验动物通常选用小鼠、大鼠或家兔。大鼠、小鼠于妊娠第 15 天开始给药,至分娩后 21 d(小鼠)和 28 d(大鼠);家兔于妊娠第 22 天开始给药,至分娩后 31 d。观察动物一般状况,记录胎仔数,一般发育状况和外观畸形等。取一定数量幼仔配对饲养,继续观察其存活、生长发育,包括行为、生殖功能及其他异常症状,必要时可对 F_1代动物进行运动和学习能力的测定。根据上述结果结合病理组织学检查,判断围产期给药的毒性影响及程度,并做出综合评价。

(3)致癌实验　它是特殊毒性实验中最为耗资费时的动物实验,因此对某种实验药物,往往只在致突变实验结果为阳性,或在慢性毒性实验中发现有细胞毒性及能使组织异常活跃者,或该药的结构和已知致癌物有关及相似的情况下才要求进行致癌实验。致癌实验分为短期致癌实验和动物长期致癌实验。

短期致癌实验又包括哺乳动物培养细胞恶性转化实验和动物短期致癌实验。前者为离体实验，培养细胞需经代谢活化，根据细胞恶性转化率判定结果；后者为整体动物实验，通常采用小鼠肺肿瘤诱发短期实验，实验动物推荐使用 6～8 周龄的 A 系小鼠，设高、中、低 3 个剂量，最高剂量组应是每周给药 3 次，连续 8 周的最大耐受剂量，另设阴性对照组。观察时间通常为 30～35 周或可更短些。符合下列情况可判为阳性：实验组肺肿瘤的平均数比对照组显著增加；有剂量效应关系；阴性对照组肺肿瘤的平均数与文献报道的同龄未染毒小鼠肺肿瘤发生率大体相符。

动物长期致癌实验是一项极为持久的动物实验，因此，在实验前需进行详细周密的实验设计。下面就其动物要求、剂量设计及分组、给药方式、观察期限、观察指标等问题做一些说明。

①动物：要求品系敏感性高，寿命期限不太长，能在相对较短时间内完成终身实验，抗病力强，自发肿瘤率低，动物体型小易满足实验所需数量等。首选小鼠、大鼠和仓鼠等啮齿类动物。动物年龄，一般认为采用刚断乳或幼年动物，这样对某些致癌物更敏感。

②剂量设计及分组：剂量设计是整个实验的关键，剂量过低，可能出现假阴性的结果，难以下结论；偏高有可能造成动物死亡而使实验无法继续进行，或者使偏高的剂量组数据不能使用。

设计多剂量组虽好，但增加了人力、财力，因此通常设计 2～3 个剂量组。一般最高剂量可用 LD_{10} 作 3～8 周预试，要求 10%～20%的动物出现轻度慢性中毒而不致死亡，这些毒性常表现为体重增加受到轻度抑制或血清酶的改变(这种情况表明剂量较适宜)。低剂量可参照临床拟用剂量折算，原则是不影响动物的正常生长、发育和寿命，一般不应低于最高剂量的 10%。在高、低剂量间可插入一个适当的中间剂量，另外还要设一个阳性对照组，以及溶媒和空白对照组。每组动物数量，雌雄至少各 50 只，因考虑最终进行生物统计处理时有足够的数目。

③给药方式：原则与长期毒性实验相同，即选择与临床用药相同的途径。具体有喂饲和灌胃法、皮肤涂抹、皮下注射或肌内注射等。

④观察期限：一般要求给药期应占有动物寿命的较大部分时间，如小鼠 18 个月，大鼠 24 个月，这样保证使致癌作用较弱、潜伏期较长的致癌物有机会表现致癌活性；总之，当给药组与阴性对照组间肿瘤发生率已有明显差别时，可结束致癌实验。

⑤观察指标和病理学检查，至少每天观察一次动物的行为活动、摄食量等，开始时每周称一次体重，13 周后至少每 4 周称一次，实验结束时全部动物进行剖检及血常规检验。对肉眼观察到有肿瘤性病变成可疑者时，对以下器官进行病理学

检查：皮肤、乳腺、淋巴结、唾液腺、胸骨、脊椎及大腿骨、胸腺、气管、肺及支气管、心、甲状腺、舌、食道、胃、十二指肠、大肠、小肠、肝、胰、脾、肾、肾上腺、睾丸、卵巢、性腺、眼球、垂体、脊髓等。

⑥结果评定：符合下列情况之一者判断为阳性：实验组肿瘤阳性，对照组阴性；实验组和对照组虽均有肿瘤发生，但实验组肿瘤发生率高于对照组；实验组肿瘤发生的部位多于对照组；实验组和对照组肿瘤的发生率虽无明显差异，但实验组肿瘤出现早（潜伏期短）。

5.制剂的安全限度实验

为了控制制剂质量，确保用药安全，除了进行必要的理化检验外，常常还需要从药理学的角度对制剂进行质量检查，这些检验统称为制剂的安全限度实验。限度实验主要用于检验注射剂，通常包括下列项目：热原检查、刺激性检查、过敏性检查、降压物质检查、溶血性检查等。详见本教程“实验六十五　药物制剂的安全性初步评价实验”。

拓展知识 7-1

新的兽药注册管理办法简介

2020 年 7 月 14 日，农业农村部畜牧兽医局发布了关于征求《兽药注册管理办法(修订草案征求意见稿)》意见的函农牧便函〔2020〕539 号。这是农业农村部自 2020 年 3 月 27 日国务院令第 726 号对《兽药管理条例》部分修订和 2020 年 4 月 29 日《兽药生产质量管理规范(2020 年修订)》(农业农村部令 2020 年第 3 号)后，又一重磅政策征求意见稿，对整个兽药行业产生了重大影响。

与新兽药研发相关的主要法律法规有：《兽药管理条例》(国务院令第 404 号，2004 年 11 月 1 日实施)、兽药注册办法(农业部令第 44 号，2005 年 1 月 1 日实施)、新兽药研制管理办法(农业部令第 55 号，2005 年 11 月 1 日实施)、农业部公告第 442 号(2005 年 1 月 1 日实施)、兽药进口管理办法(农业部令第 2 号，2008 年 1 月 1 日实施)。从实施期限来看，这些法律法规基本上都在 10 年以上，在实施过程中也暴露出诸多问题，主要包括新药不新、申报资料造假、评审公平性和效率、政策不明确等问题。针对上述问题，此次《兽药注册管理办法(修订草案征求意见稿)》都给出了明确意见。结合 2004 年 11 月公布的《兽药注册办法》(农业部令 44 号)，对比和解读兽药注册管理办法(修订草案征求意见稿)见表 7-1。

表 7-1 解读兽药注册管理办法(修订草案征求意见稿)

章节	农牧便函〔2020〕539 号	农业部令 44 号	解读
第一章 总则	共 9 条 (1～9)	共 3 条	·明确法律依据和目的,《兽药管理条例》为依据,保证兽药安全、有效、质量可控为目的 ·兽药注册包括新兽药注册、进口注册及再注册、补充申请注册(原变更注册) ·解决新药不新问题。新兽药分为创新型新兽药和改良型新兽药。后续会跟进 442 公告修订 ·对创新型新兽药核发新兽药证书和不超过 5 年监测期。对改良型新兽药根据情况只设监测期,不核发新兽药证书 ·职责明确。农业农村部管理兽药注册工作,评审中心负责组织技术评审和有因核查,中监所负责样品和质量标准复核,省级兽医行政管理部门负责中试现场核查和抽样 ·兽药注册过程保证公平和可视化跟踪
第二章	第二章 基本要求 共 12 条 (10～21)	第二章 新兽药注册 共 9 条 (4～11)	·申请人资质为能承担法律责任的企业或研制机构,个人不行。境外注册需在中国有代理机构办理 ·申请人所提交的临床前和临床实验需在 GLP 和 GCP 机构开展的实验,中试在符合 GMP 要求下生产。未明确是否机构模拟的 GLP 和 GCP 实验待单位通过后也认可 ·明确兽药制剂的原料来源。可以是兽用原料,也可以是合法获得的人用原料。一般情况原料与制剂需关联申报。当国内有制剂销售但无原料时候可以只单独申请原料 ·评审中心可以根据技术评审中的线索进行有因核查。评审中心也可以要求申请人或委托第三方机构对方法和数据进行重复实验和方法学验证。重复实验或验证情况作为技术评审依据 ·中试生产规模明确,应为申请人上市批规模,不得低于该 GMP 生产线产能的 1/3 ·创新型新兽药需要进行临床实验。部分改良型或补充注册,根据各自情况,可能免除临床实验 ·注册资料应一次性提交,受理后不得自行补充新的技术资料。申请人若需补充的,需撤回原注册申请

续表 7-1

章节	农牧便函〔2020〕539 号	农业部令 44 号	解读
第三章	第三章 新兽药 注册 共 18 条 (22～40)	第三章 进口兽药 注册 共 9 条 (13～21)	·与之前注册相比增加生产工艺验证和现场核查 ·兽药注册申请应由中试单位,或中试单位和研究单位共同注册 ·创新型兽药联合申请时,只允许 1 家申请注册。注册申请后不得增加申报单位 ·同品种监测期内不予受理注册,用于食品动物的兽用属于人用关键抗菌药物的,没有公布哪些属于关键抗菌药物名单,国家明确规定不予审批的 ·时限要求。形式审查 10 个工作日,通过形审后 20 个工作日递交注册资料。120 个工作日内完成技术评审。补充资料只能补充一次,时限为 132 个工作日。若对于补充材料仅需解释说明的,20 个工作日内做出相关解释,若认为有实质性缺陷,则直接退审。需要重新临床或者残留复核的,不计时间。技术评审通过后应在 132 个工作日内通知省级部门进行现场中试核查,省级部门在收到申请后 30 个工作日进行中试现场核查,抽取 3 批样品封存后,由申请人送中监所进行复核检验。中监所在 120 个工作日内完成质量检验和标准复核。需要进行残留复核的,残留检测方法复核时间为 120 个工作日。评审中心收到补充资料后 40 个工作日内完成评审报农业部,农业部依据评审意见在 60 个工作日内完成审批决定 ·对创新型兽药,核发新兽药注册证书。对于符合规定改良型兽药,予以公告,不核发新兽药证书。对创新型兽药和需开展监测期的改良型兽药设立不超过 5 年监测期,监测期自获得产品批准日期时开始计算 ·在新兽药监测期开始计算前,或者进口兽药注册审批前已经上报的新兽药,继续进行申报与审批

续表 7-1

章节	农牧便函〔2020〕539 号	农业部令 44 号	解读
第四章	第四章 进口兽药注册 共 10 条 （41～50）	第四章兽药变更注册 共 5 条 （22～26）	·申请进口注册，必须在境外获批，且符合当地 GMP。时限要求。与国内新兽药注册一致 ·进口注册化学药品，需在国内进行相关临床实验，必要时进行残留消除实验和残留检测方法验证实验。实验开始前也需要备案 ·进口注册临床及残留实验开展是在评审中心初步技术审查后
第五章	第五章 补充注册 共 7 条 （51～57）	第五章 进口兽药再注册 共 5 条 （27～31）	·原研单位进行申请变更 ·变更注册建立分类评审程序和要求，加快申请人快速应用科技进步成果 ·时限。对不需技术评审的，评审中心 30 个工作日完成审查，报部。对需要技术评审的，10 个工作日完成形审，对需要注册检验、临床实验、现场核查的，不计时间。农业部在收到评审中心意见后 60 个工作日做出审批决定
第六章	第六章 进口兽药再注册 共 6 条 （58～63）	第六章 兽药复核检验 共 5 条 （32～36）	·《进口兽药注册证书》有效期为 5 年，有效期满需继续注册的，需提前 6 个月申请再注册 ·申请再注册时可以同时提出补充注册申请 ·对中国香港、澳门和台湾地区的申请再注册，核发的是《兽药注册证书》
第七章	第七章 现场核查和抽样 共 3 条 （64～66）	第七章 兽药标准物质的管理 共 4 条 （37～40）	·中试样品复核需进行现场检查 ·现场核查人员进行现场抽样应按照兽药抽样有关规定进行，每批样品量达到注册检验用量的 3～5 倍。抽检样品单独封签，封签由抽样人和申请人签字，加盖申请单位公章 ·现场核查包括中试批生产检验记录（包括必要谱图和电子文档）、原辅料采购和使用记录，生产和检验人员资质，生产设施及设备是否与生产相适应

续表 7-1

章节	农牧便函〔2020〕539 号	农业部令 44 号	解读
第八章	第八章 现场核查和抽样 共 6 条 （67～72）	第八章 罚则 共 2 条 （41～42）	・兽药注册检验包括质量检验和质量标准复核 ・兽药注册检验只有一次机会，已检验并判定不合格的，不再另行抽样和检验 ・中监所建立并实施合理的沟通交流机制，保证检验人员正确理解标准草案 ・经质量标准复核发现申请人制定的注册标准（草案）有重大缺陷的，经评审中心确认，可直接退审
第九章	第九章 法律责任 共 2 条 （73～74）	第九章 附则 共 3 条 （43～45）	・在兽药注册过程中，申请人涉嫌造假的，对申请人给予警告，3 年内不受理申请人提出的任何兽药注册申请，并且处于评审过程中的所有相关注册，均退回 ・申请人涉嫌造假已获得兽药注册证明文件的。除按《兽药管理条例》第五十七条给予处罚外，5 年内不受理申请人提出的兽药注册申请 ・对涉嫌提供虚假材料和样品的申请人建立不良行为记录，并予以公布 ・GLP 和 GCP 单位涉嫌编造修改数据的，农业部不再接受该单位出具的报告或数据
第十章	第十章 附则 共 3 条 （75～77）	—	・属于兽药麻醉药品、兽用精神药品、兽医医疗用毒性药品、放射性药品的新兽药除按本办法办理外，还需符合国家相关政策 ・未在本办法规定时限内提交资料和样品的，均视为自动撤回。但因不可抗力原因造成的除外

与农业部 44 号令的九章 45 条相比，此次《兽药注册管理办法（修订草案征求意见稿）》的十章 77 条，内容更加翔实和完善。主要围绕新兽药注册的三大问题：新兽药不新、新兽药申请注册造假和新兽药审批时效性，进行了全方位的变革。首先针对新药不新的问题，此次注册办法借鉴人用药品的思路，实施创新型兽药和改良型兽药两大类，进行分类实施和管理。对于创新型新兽药，实施核发新兽药证书，并给予不超过 5 年的监测期。而对于改良型新兽药，只核发公告，根据具体情

况设定相应监测期。可以预见的是，关于新兽药分类的442号公告修订征求意见稿也即将面世。其次针对新兽药申请注册造假的问题。首先改变以往送样复核检验，改为现场核查和抽样复核检验。并且复核检验的机会只有一次，若复核不合格，直接退审，同样对于注册标准若有重大缺陷的，也可以直接退审。其次，加大了法律惩罚的力度。由原来的“申请人提供续交资料申请注册的，农业部不予受理，对申请人给予警告，申请人一年内不得再次申请该兽药的注册”改为：“3年内不受理该申请人申请的任何新兽药注册，并且处于评审过程中的新兽药均做退回处理”。将由原来“申请人通过提高虚假材料获得新兽药注册的，3年内不得再次申请该兽药的注册”改为“5年内不受理该兽药注册申请人提出的兽药注册申请”。并且建立了申请人不良行为记录，并予以公布。对于GLP和GCP单位涉嫌编造、修改和隐瞒数据出具报告的，农业部不再接受该单位出具的报告或数据。最后针对新兽药审批时效性问题。此次征求意见稿进一步明确了各责任方的时限，并且对技术评审环节提出一次性提出所有问题，申请人也应当在132个工作日内完成补充，只有一次的补充机会。并且在补充时限内未按要求提交资料、样品、试剂等的，均按自动撤回处理。

此次征求意见稿的出台，基本上与2017年9月21—22日在兰州举办的“第二届兽药行业发展暨畜产品安全高峰论坛”及“国家兽药产业技术创新联盟成立大会”上提出兽药改革思路是相匹配的。作为从事新兽药研发的企业应该及时做好思路转变，积极拥抱和应对政策的变化，迎接行业的健康发展！未来围绕此次征求意见稿的后续442公告分类修订、相关技术指导原则、相关评审资料要求都会陆续出台，兽药的注册又追随人药的脚步迈进了一大步！

（资料来源：国家动物保健品工程技术研究中心，孙亚磊，2020）

第八章　兽药残留的基本知识

安全、有效、质量可控是评价药品(包括兽药)优劣的基本标准。其中,安全问题始终处于首要位置,贯穿于兽药的研发、评价、生产、使用,以及"从田间到餐桌"的动物源食品生产全产业链。与人用药物不同,兽药的安全不仅包括对使用动物的安全,还包括环境安全以及动物源食品安全。

动物源食品(如肉、蛋、奶)中的兽药残留直接关系到消费者身体健康和国际贸易壁垒,已成为国内外备受关注和争议的食品安全焦点问题。食品中的兽药最大残留限量(MRL)是保障动物源食品安全的强制性法规。2020 年 4 月 1 日,备受关注的《食品安全国家标准食品中兽药最大残留限量》(GB 31650—2019)颁布实施,替代 2002 年农业部公告第 235 号《动物性食品中兽药最高残留限量》相关部分。

在 GB 31650—2019 标准实施之际,我们从食品安全风险分析的角度,为大家盘点国内外颁布的兽药残留限量标准,探究兽药残留风险评估的过程,综述兽药残留检测技术的最新进展。

一、国内外主要兽药残留限量(MRL 标准)和相关的机构

风险分析(risk analysis)是一种系统、严谨的食品安全决策方法,是由风险评估(risk assessment)、风险管理(risk management)和风险交流(risk communication)三部分组成的一个决策和管理过程。同时,风险评估者与风险管理者间职能分离保证风险评估过程的科学和客观。在面临食品安全问题时,风险分析是开展科学分析,并达成合理的、一致的解决方案的有力工具。

兽药残留是食品中的化学性危害之一。从食品安全风险分析角度,动物源食品中兽药残留限量标准是以科学数据和风险评估结果为基础建立的强制性法规,是政府相关部门进行食品安全风险管理的科学依据。因此,兽药残留限量标准的制定过程至少包括以下 3 个部分。

①研究机构(一般为兽药研发企业或科研组织)按照相关指南和技术标准对兽药和兽药残留毒理学、微生物学、药理学等特征进行全面的研究,为风险评估提供科学基础。

②风险评估机构(通常为专家咨询机构)以科学研究数据为基础对食品中的兽药残留危害进行风险评估,并推荐食品中允许的残留的最高限量。

③风险管理机构(立法或行政管理机构)根据风险评估的结果,发布强制性的兽药残留最高限量标准或法规,并以此为依据开展食品中兽药残留风险管理,保障动物源食品安全。

因此,兽药残留限量标准的产生需要至少3个参与者:研究机构、风险评估机构、风险管理机构。表8-1分别介绍FAO/WHO、欧盟、美国和中国等国内外主要兽药残留限量标准相关的机构。

表8-1 FAO/WHO、欧盟、美国和中国等国内外主要兽药残留限量标准相关的机构

国家或组织	风险评估机构	风险管理机构	最新MRL标准
FAO/WHO	JECFA	CAC(CCRVDR)	CX/MRL 2-2018
欧盟	EMA-CVMP	European Commission	Regulation(EU) No 37/2010
美国	FDA-CVM	联邦政府	21CFR part 556B
中国	全国兽药残留专家委员会	农业农村部、卫生健康委、市场监管总局	GB 31650—2019

(一)FAO/WHO

根据各成员国/组织提交的研究数据,FAO/WHO的食品添加剂专家委员会(JECFA)负责定期对已上市使用兽药在食品中的残留进行风险评估,并形成风险评估报告,给出兽药的ADI以及兽药最高残留限量推荐值。作为风险管理者,FAO/WHO食品法典委员会(CAC)下属的食品中兽药残留法典委员会(CCRVDF)采纳JECFA的风险评估意见和MRL推荐值,制定国际通用的食品中兽药最大残留限量标准(MRLs),并提供风险管理建议(risk management recommendations,RMRs)。

目前,CAC最新的兽药残留限量标准是2018年修订的CX/MRL 2-2018,是国际贸易中认可的食品中MRL的参考标准。

(二)欧盟

新兽药注册评审机构为European medicines agency(EMA)。EMA规定,至少在新药注册申请前6个月,申请者应提交MRL评估材料。在进行新兽药的注册评审的同时,EMA下属的Committee for medicinal products for veterinary Use(CVMP)负责对新兽药MRL相关的实验数据开展风险评估,并给出评估意见总结。根据CVMP的风险评估意见,欧洲委员会将通过一项建立新兽药MRL的法规(commission regulation)。相关法规正式实施后，EMA 会发布详细的欧洲 MRL 评估报告(European public maximum-residue-limit assessment report，EPMAR)。目前，最新的欧盟兽药 MRL 限量标准法规为 Commission Regulation (EU) No37/2010。

(三)美国

联邦法规 FD&C Act 规定，在新兽药申请时，应提交该药物在动物可食组织中的建议容许量(aproposed tolerance)和相关的研究数据。同时，还要求提供可行的检测方法(apracticable method)用于检测可食组织中兽药残留量、休药期或其他必要的药物安全监管。

在新药申请通过 FDA 兽药中心(CVM)的评审和评估后，可食组织中的容许量被批准为联邦法规，收录在 21CFR556 Part B 中。

(四)中国

农业农村部兽药评审中心是我国负责新兽药注册评审的机构。与美国和欧盟相同，在食品动物用兽药或进口兽药注册申请时，如国内还未发布相应的 MRL 标准，申请者应提交相关研究资料、推荐的 MRL 和配套的残留检测方法。在进行新兽药评审的同时，也会对所提交的 MRL 相关资料和残留检测方法进行评估。通过新兽药注册评审后，在农业农村部发布新兽药注册公告中会包括药物的临时 MRL 标准和检测方法标准。

近年来，农业农村部全国兽药残留专家委员会以 JECFA、FDA、EMA 等发布风险评估报告为依据，并参考 CAC 、美国、欧盟等国际组织和国家(地区)公布的 MRL 标准，对 2002 年发布的《动物源食品中兽药残留最大限量标准(农业部 235 号公告)》进行了风险评估和全面修订，并推荐以食品安全国家强制标准形式发布。

根据《食品安全法》，作为我国食品安全的风险管理机构，农业农村部、国家卫生健康委员会、国家市场监督管理总局联合于 2019 年 9 月 6 日发布了《食品安全国家标准　食品中兽药最大残留限量》(GB 31650—2019)，已于 2020 年 4 月 1 日实施，并于 2022 年 9 月 20 日发布了《食品安全国家标准　食品中 41 种兽药最大残留限量》(GB 31650.1—2022)作为增补，与 GB 31650—2019 配套使用。

二、制定兽药残留 MRL 标准

食品中添加物或污染物的风险是指在一定暴露条件下，某种物质对消费者产生危害的可能性，可用以下关系式表示：风险＝危害×暴露。在国际化学品安全规

划署(IPCS)的 EHC240 中,对危害和风险的定义为:

危害(hazard)是当生物、系统或(亚)人群暴露于某种因素或状况时,该因素或状况具有的可产生潜在不良健康效应的天然属性。对于消费者来说,食品中兽药残留对健康的危害主要包括药物的毒理作用、药理作用以及对肠道菌群的影响。

风险(risk)是指生物、系统或(亚)人群在特定情况下暴露于某种因素,可能产生有害作用的概率。

兽药最大残留限量(MRL)制定是对食品中兽药残留(或代谢物)可能导致的消费者健康风险进行定量评估,为动物源食品安全风险管理提供科学依据的过程。JECFA 的兽药残留风险评估过程主要包括以下几个。

①危害识别(hazard identification):评估兽药的分子结构、理化性质和代谢转归,通过体内或体外毒理实验识别潜在的危害因子。

②危害特征描述(hazard characterization):通过剂量-反应评估,推荐健康指导值(HGBV),包括 ADI 或 ARfD。

③暴露评估(exposure assessment):利用食物消费数据和不同动物源食品中的兽药残留量,进行慢性和急性膳食暴露评估。

下面重点介绍危害识别和危害特征描述在兽药残留风险评估中的作用。

(一)危害识别

对食品中兽药残留的危害进行识别,首先要对兽药的组成、化学结构、药理学、毒理学数据及其代谢转归进行总结和分析。然后,根据风险评估的需要,开展一系列毒理学实验。国际兽药注册协调组织(VICH)规定,食品动物用兽药研发需开展的毒理学实验一般包括基本实验(basic tests)、补充实验(additional tests)和其他必要的实验(special tests)3 类,具体见表 8-2。

表 8-2 兽药安全评价所需的毒理学实验

分类	实验名称	国际兽药注册协调组织指导原则编号
基本实验(basic tests)	重复剂量(90 d)毒性实验(repeat-dose toxicity testing)	31、37
	繁殖毒性实验(reproduction toxicity testing)	22
	发育毒性实验(developmental toxicity testing)	32

续表 8-2

分类	实验名称	国际兽药注册协调组织指导原则编号
补充实验(additional tests)	遗传毒性实验(genotoxicity testing)	23
	对人类肠道菌群的影响实验(testing for effects on the human intestinal microflora)	36
	药理效应实验(pharmacological effects testing)	33
	免疫毒性实验(immunotoxicity testing)	33
	神经毒性实验(neurotoxicity testing)	24
	致癌实验(garcinogenicity testing)	28

如果毒理学实验证明一种药物或其代谢产物具有致癌、致畸、致突变作用，将禁止作为食品动物用药。如硝基呋喃类药物、氯霉素等。JECFA 认为，如果毒理学实验显示兽药的安全边际足够大，暴露剂量很高时也不会产生可观察的毒理作用，就不需要为该药物制定 MRL。对于无“三致”作用的药物，需要根据剂量-反应关系研究，通过制定健康指导值进行危害特征描述。

(二)危害特征描述

危害特征描述的主要目的是通过剂量-反应评估，确定兽药(或代谢产物)与危害之间是否存在明确的因果关系，并根据剂量-反应曲线推测危害特征描述的参考点或分离点(point of departure，POD)，按照公式(1)推导出健康指导值(HBGV)。

$$HBGV = POD/UF \quad (1)$$

健康指导值(HBGV)是具有潜在危害的物质经口(急性或慢性)暴露，不引起可观察到的健康风险的剂量水平。POD 是由剂量-反应评估得到的不产生危害效应的暴露剂量，如未观察到不良作用水平(NOAEL)或观察到不良作用的最低水平(LOAEL)。UF 是指不确定系数或安全系数。兽药的毒理学实验一般采用实验动物，将动物实验的结果外推到人类，需要考虑动物与人类物种间的差异，以及人群间的敏感性不同，一般采用的不确定系数为 100(表 8-3)。如果是人体实验结果，不确定系数可能为 10 或根据所获得的数据和药物的性质，选择最适合的不确定系数。

从计算公式可以看出，从基于动物实验得到的 POD 推导出健康指导值，已经考虑了安全系数或不确定系数，因此少量或偶尔的膳食暴露超过健康指导值，并不意味着一定会对人体健康产生副作用。

表 8-3 健康指导值推导中的不确定系数

	毒代动力学	毒效动力学	不确定系数(UF)
种属间差异	100.6	100.4	10
人群间差异	100.5	100.5	10
实验动物外推到人			100

在兽药残留风险评估中，健康指导值(HBGV)包括每日允许摄入量(ADI)和急性毒性剂量(ARfD)，分别用于定量描述慢性和急性危害效应特征。JECFA 和 VICH 制定 ADI 或 ARfD 的技术指南见表 8-4。

每日允许摄入量(ADI)被定义为终生每日摄入某种化学物质，而不会对消费者健康造成可检测到的危害效应的剂量，用于评估长期暴露的风险。

急性毒性剂量(ARfD)是指 24 h 或更短时间内，经食物或饮水摄入某一化学物质，而不会对消费者健康造成可检测到的危害的剂量，用于评估短期、急性暴露的风险。

表 8-4 健康指导值制定依据和相关技术指南

健康指导值	制定依据	相关指南
毒理学 ADI	慢性毒理学实验 NOAEL	VICH GL 22、23、28、31、32、33、37
微生物学 ADI	对肠道菌群的定植屏障或细菌耐药性的影响，体外培养 MIC	VICH GL 27,36
药理学 ADI	低于毒理学 NOAEL，但产生药理效应	VICH GL33
ARfD	急性或短期暴露的毒理、药理或微生物学 NOAEL，体外培养 MIC 或 NOAEC	VICH GL 54 JECFA，2016

(三)每日允许摄入量(ADI)

大部分兽药的 ADI 基于传统的毒理学和药理学实验的 NOAEL 制定。ADI 一般以每千克体重的摄入量表示，单位按每千克体重 mg，通常为 0 至上限的一个剂量范围。以实验动物数据为基础，不确定系数一般为 100。当采用人体实验或流行病学调查数据时，根据实际需要可在 1～10 选择合适的 UF。

$$ADI = NOAEL/UF \quad (2)$$

(四)药理学 ADI

药理学效应是对靶动物预期的治疗或预防作用。对动物源食品的消费者来说，兽药残留的药理学作用可能是有害的毒理作用。对于药理学作用剂量较小的药物，应制定药理学 ADI。例如，在有些国家批准用于动物的 β_2-受体激动剂类药物齐帕特罗，以对 β_2-受体产生兴奋作用为药理学终点建立了 ADI(每千克体重0～0.04 μg)。

(五)微生物学 ADI(mADI)

对于有抗菌活性的药物，需要根据药物对人类肠道菌群影响制定微生物学 ADI。JECFA 根据 VICH GL 36 建立了决策树方法，用来判断制定 mADI 的必要性并规定了建立 mADI 的流程。可根据以下 3 个问题判断是否需要建立 mADI。

①牛奶或可食组织中的兽药或代谢物残留或否对人类肠道代表性菌群有抗菌活性？

②药物残留是否可以进入人类结肠？

③进入结肠的残留物是否还保持抗菌活性？

如果以上 3 个问题任何一个是“否”，那么就没必要制定微生物学 ADI。但如果以上 3 个条件都满足的话，需要基于以下两个微生物学效应终点建立 ADI。

A. 对肠道菌群定植屏障的破坏作用。

B. 肠道菌群出现耐药性。除体内或体外实验的 NOAEL 外，还可以从体外 MIC 数据推导 mADI。

$$\text{微生物学 ADI} = \frac{\text{结肠内容物量(mL)} \times MIC_{calc}(\mu g/mL)}{\text{口服给药后到达结肠的药物比例} \times UF \times 60\ kg} \quad (3)$$

式中，MICcalc 代表对该药物敏感的人类肠道菌群 MIC_{50} 的平均值；JECFA 的标准体重为 60 kg，口服给药后到达结肠的具有抗菌活性的药物的比例一般根据体内药代动力学实验数据进行估计。如果通过肠道时被灭活，这个比例可以适当减小。UF 为不确定系数，与毒理学 ADI 推导时相同。如果采用人体内实验数据，不同个体间差异的 UF 可为 10。以氨苄西林为例，JECFA 以肠道菌群产生耐药性和对肠道菌群定植屏障的破坏作用为终点建立了微生物学 ADI，分别按每千克体重 0～0.004 和 0～0.002 5 mg。经评估后，最终推荐氨苄西林的 mADI 按每千克体重 0～0.003 mg。

(六)急性参考剂量(ARfD)

ARfD 被最早用于食品中农药残留的急性暴露毒性评估。2000 年,JECFA 在对卡拉洛尔残留进行风险评估时,基于急性的β-受体阻断的药理学效应,规定卡拉洛尔的急性摄入剂量按每千克体重不超过 0.000 1 mg。残留消除结果表明,给药后两个小时的注射部位肌肉中的卡拉洛尔残留量很高,可能导致急性摄入量为急性摄入剂量上限的 3 倍,并建议严格控制卡拉洛尔注射用药后的休药期。2016 年,JECFA 发布了《食品中兽药残留急性参考剂量(ARfD)建立的指南》,详细规定了兽药残留 ARfD 建立的流程。与 ADI 类似,ARfD 建立的生物学终点也包括毒理学、药理学和微生物效应。JECFA 指南规定,在对药物的理化性质、毒理学和药理学数据进行评估的基础上,如果同时满足以下所有条件,可不建立 ARfD。

①不具有抗菌活性,或具有抗菌活性,但不满足建立微生物学 ARfD 的条件。

②急性暴露剂量按每千克体重达到 500 mg(动物实验的 POD)时,未观察到明显的效应。

③单次口服剂量达到按每千克体重 1 000 mg 时,未出现与该物质相关的死亡。如果致死性是唯一的结果,应明确死亡原因与人类暴露的相关性。

④在遵守兽药良好使用规范(GPVD)的情况下,通过注射部位摄入的残留暴露剂量(每千克体重不超过 5 mg)。

以毒理学或药理学效应为终点(end-point),基于短期和急性暴露的 NOAEL,根据公式(3)可推导毒理学或药理学 ARfD。

$$\text{ARfD}=\text{I}=\text{NOAEL}/\text{UF} \quad (4)$$

与 ADI 不同,ARfD 为一个以每千克体重的摄入量表示的限值,单位按每千克体重 mg。UF 的应用与 ADI 的制定相同。

对于具有抗菌活性的药物,是否需要制定微生物学 ARfD 的条件与 mADI 的相同。与制定 mADI 的方法不同,微生物学 ARfD 的建立主要考虑肠道菌群定植屏障的破坏作用。如果有充分的数据证明单次暴露的剂量可能导致耐药性,也应该考虑急性暴露对肠道菌群耐药性的影响。急性暴露对菌群定植屏障的破坏效应的 POD 可以是体外实验的 MIC(同 mADI)或体外 NOAEC。与 mADI 的计算公式不同,由于胃肠转运和食物摄入的稀释作用,微生物学 ARfD 的计算增加了一个修正系数 3,主要考虑细菌培养环境、pH 及其他的物理-化学因子。

$$\text{微生物学 ARfD}=\frac{\text{MIC}_{\text{calc}}\text{或 NOAEC}(\mu\text{g/mL})\times\text{修正系数}\times\text{结肠内容物量(mL)}}{\text{口服给药后到达结肠的药物比例}\times\text{UF}\times 60\text{ kg}} \tag{5}$$

目前,JECFA 根据 2016 年发布的指南已经建立了阿莫西林、氨苄西林、乙硫磷、氟氯苯菊酯和三合氯喹啉的 ARfD(表 8-5)。从表 8-5 可以看出,ARfD 的值一般都大于 ADI 的上限。

表 8-5　JECFA 已建立 ARfD 的兽药

药物	每千克体重 ADI/mg	每千克体重 ARfD/mg
阿莫西林	0～0.002(微生物学)	0.005(微生物学)
氨苄西林	0～0.003(微生物学)	0.012(微生物学)
乙硫磷	0～0.002(毒理学)	0.02(毒理学)
氟氯苯菊酯	0～0.004(毒理学)	0.005(毒理学)
三合氯喹林	0～0.3(微生物学)	0.9(微生物学)

(七)推荐健康指导值(HBGV)

在 JECFA 最新的兽药残留风险评估指南中,健康指导值(HBGV)主要包括 ADI 和 ARfD,分别用于定量描述食品中兽药残留的慢性和急性暴露风险。基于毒理学、药理学和微生物学 POD,以最敏感的生物学效应作为终点,选择最低的健康指导值(HBGV)作为该药物的 ADI 和 ARfD,用于进行膳食暴露评估和推荐 MRL。

(引自 毕言锋.兽药百科,2020)

小贴士:兽用抗生素进入动物体内后,大部分会以原药及其代谢物通过动物的粪尿向外排出。残留的兽用抗生素在自然环境中会不断地蓄积,污染生态环境,破坏生态环境的平衡,对土壤、水体、微生物、水生物及昆虫都会产生不良的影响。严格管理兽用抗生素的使用,一方面可以减少细菌耐药性的产生,另一方面能减少抗菌药物对环境的负担,实现养殖业绿色发展,促进人与自然和谐共生。我们要认真贯彻落实《中华人民共和国生物安全法》《兽药管理条例》,切实做好兽药残留监控和动物源细菌耐药性监测工作,进一步加强畜禽养殖用药的指导和监督,有效保障养殖业生产安全和动物产品质量安全,为人民提供健康优质的动物产品,以满足人民群众对美好生活的向往。

参考文献

1. 中国兽药典委员会. 2016. 中华人民共和国兽药典(2015 年版)[M]. 北京:中国农业出版社.

2. 中华人民共和国农业农村部公告第 194 号. 2019.

3. 胡还忠,牟阳灵. 2016. 医学机能学实验教程[M]. 4 版. 北京:科学出版社.

4. 龚国清. 2019. 药理学实验与指导[M]. 4 版. 北京:中国医药科技出版社.

5. 崔福德. 2016. 药剂学实验指导[M]. 3 版. 北京:人民卫生出版社.

6. 王庭槐. 2018. 生理学[M]. 9 版. 北京:人民卫生出版社.

7. 刘文彦. 2018. 生理学实验及学习指导[M]. 南京:江苏凤凰科学技术出版社.

8. 闵清. 2018. 药理学实验教程[M]. 2 版. 北京:科学出版社.

9. 谢靳希,邓艳萍,史录文. 2020. 美国阿片类药物滥用危机与中国镇痛药使用与监管[J]. 中国药物滥用防治杂志. 26(4):192-197.

10. 黄丽萍,唐灿. 2019. 药理学实验教程[M]. 北京:中国医药科技出版社.

11. 邹莉波. 2019. 药理学与毒理学实验[M]. 3 版. 北京:中国医药科技出版社.

12. 秦川. 2018. 中华医学百科全书:医学实验动物学[M]. 北京:中国协和医科大学出版社.

13. 崔一哲,计红,范春玲. 2018. 动物医学实验教程:动物机能学分册[M]. 北京:中国农业出版社.

14. 闵清. 2018. 药理学实验教程[M]. 2 版. 北京:科学出版社.

15. 朱大诚,黄丽萍. 2017. 医学功能学科实验指导[M]. 3 版. 北京:中国协和医科大学出版社.

16. 唐赟. 2020. 药学专业实验[M]. 北京:化学工业出版社.

17. 杨宝峰,陈建国. 2018. 药理学[M]. 9 版. 北京:人民卫生出版社.

附　　录

附录一　常用实验动物的一些生理常数

常用实验动物的一些生理常数见附表1。

附表1　常用实验动物的一些生理常数

指标	小鼠	大鼠	豚鼠	家兔	猫	犬
适用体重/g	18～25	120～200	300～500	1 500～2 500	2 000～3 000	5 000～15 000
寿命/年	1.5～2.0	2.0～2.5	5～7	5～7	6～10	10～15
性成熟年龄/月	1.2～1.7	2～8	4～6	5～6	10～12	10～12
孕期/d	20～22	21～24	65～72	30～35	60～70	58～65
平均体温/℃	37.4	38.0	39.5	39.0	38.5	38.5
呼吸/(次/min)	136～216	100～150	100～150	55～90	25～50	20～30
心率/(次/min)	400～600	250～400	180～250	150～220	120～180	100～180
血压/mmHg	115	110	80	105/75	130/75	125/70
血量/[mL/(100 g·bw)]	7.8	6.0	5.8	7.2	7.2	7.8
红细胞/($\times 10^{12}$/L)	7.7～12.5	7.2～9.6	4.5～7.0	4.5～7.0	6.5～9.5	4.5～7.0

续附表 1

指标		小鼠	大鼠	豚鼠	家兔	猫	犬
血红蛋白/(g/L)		100～190	120～175	110～165	80～150	70～155	110～180
血小板/($\times10^9$/L)		50～100	50～100	68～87	38～52	10～50	10～60
白细胞总数/($\times10^9$/L)		6.0～10.0	6.0～15.0	8.0～12.0	7.0～11.3	14.0～18.0	9.0～13.0
白细胞分类/%	嗜中性	12～44	9～34	22～50	26～52	44～82	62～80
	嗜酸性	0～5	1～6	5～12	1～4	2～11	2～24
	嗜碱性	0～1	0～1.5	0～2	1～3	0～0.5	0～2
	淋巴	54～85	65～84	36～64	30～82	15～44	10～28
	大单核	0～15	0～5	3～13	1～4	0.5～0.7	3～9

附录二　常用非挥发性麻醉药的剂量

常用非挥发性麻醉药的剂量见附表 2。

附表 2　常用非挥发性麻醉药的剂量

药物及常用的溶液浓度	剂量/(每千克体重 mg)								麻醉持续时间及特点
	蛙	小白鼠	大白鼠	豚鼠	家兔	猫	犬	鸡	
乌拉坦 (20%～25%)	100 淋巴囊	1 000～ 1 500(ip)	1 000～ 1 500(ip)	1 000～ 1 500(ip)	1 000～ 1 200(iv) 1 000～ 1 500(ip)	1 200～ 1 500(ip)			2～4 h。对呼吸和神经反射影响小,但可降低血压
戊巴比妥钠 (1%～4%)		45～50(ip)	40～50(ip)	40～50(ip)	20～25(iv) 30～40(ip)	30～40(ip)	25～30(iv) 30～40(ip)	40～50(im)	2～4 h。注射后作用迅速,一般最常用,肌松不够完全
硫喷妥钠 (2%～4%)					20～30(iv)	30～50(ip)	20～30(iv)		约半小时。常用于手术动物
苯巴比妥钠 (10%)						140～ 160(ip)	90～120(iv)	200(im)	8～12 h。需经 15～20 min 才进入麻醉,麻醉较稳定
氯醛糖＋乌拉坦 (混合溶液含 1%氯醛糖、 7%乌拉坦)					氯醛糖 65＋ 乌拉坦 450 (iv 或 ip)	氯醛糖 65＋ 乌拉坦 450(ip)			5～6 h。对神经反射及心血管的影响较小

附录三　常用生理溶液的成分和配制

常用生理溶液的成分和配制见附表 3。

附表 3　常用生理溶液的成分和配制

常用生理溶液	每 1 000 毫升所需量					
	生理盐水 (Normal Saline)	任氏液 (Ringer's)	任洛氏液 (Ringer-Locke's)	台氏液 (Tyrode's)	克氏液 (Kreb's)	戴雅隆氏液 (De Jalon's)
NaCl	9 g	6.5 g	9 g	8 g	6.9 g	9 g
10%KCl		1.4 mL (0.14 g)	4.2 mL (0.42 g)	2.0 mL (0.20 g)	3.5 mL (0.35 g)	4.2 mL (0.42 g)
10% $MgSO_4 \cdot 7H_2O$				2.6 mL (0.26 g)	2.9 mL (0.29 g)	
5% $NaH_2PO_4 \cdot 2H_2O$		0.13 mL (0.006 5 g)		1.3 mL (0.065 g)		
10% KH_2PO_4					1.6 mL (0.16 g)	
$NaHCO_3$		0.2 g	0.5 g	1 g	2.1 g	0.5 g
1 mol/L $CaCl_2$		1.08 mL (0.12 g)	2.16 mL (0.24 g)	1.8 mL (0.20 g)	2.52 mL (0.28 g)	0.54 mL (0.06 g)
葡萄糖		(2 g)	1 g	1 g	2 g	0.5 g
通气		空气	O_2	O_2 或空气	$O_2+5\%CO_2$	$O_2+5\%CO_2$
	哺乳类小量静脉注射	用于蛙类器官	用于哺乳类心脏等	用于哺乳类肠肌等	用于哺乳类及鸟类的各种组织	用于大鼠子宫，低钙可抑制自发收缩

说明：1. 生理溶液各家主张不一。本表主要根据 The Staff of the Department of Pharmacology, University of Edinburgh: Pharmacological Experiments on Isolated Preparations, Livingstone, Edinburgh and London, 1970。

2. 配制含氯化钙的溶液时，必须将氯化钙单独溶解，充分稀释，然后才能与其他成员配成的溶液相混合，否则可能导致碳酸钙或磷酸钙沉淀析出。

3. 葡萄糖应在临用前加入，以免滋长细菌。

附录四　常用血液抗凝剂

1. 草酸钾

常用于供检验用血液样品之抗凝剂。在试管内加饱和草酸钾溶液 2 滴，轻轻敲击试管，使溶液分散到管壁四周，置 80 ℃以下的烘箱中烤干（如烘烤的温度过高，草酸钾将分解为碳酸钾而失去抗凝作用）。这样制备的抗凝管可使 3～5 mL 血液不致凝固。供钾、钙含量测定的血样不能用草酸钾抗凝。

2. 肝素

取 1%肝素溶液 0.1 mL 于试管内，均匀浸湿试管内壁，放入 80～100 ℃烘箱烤干。每管能使 5～10 mL 血液不凝。

市售的肝素注射液每毫升含肝素 12 500 U（相当于肝素钠 125 mg），应置于冰箱中保存。

3. 枸橼酸钠

3.8%的枸橼酸钠溶液 1 份可使 9 份血液不致凝固，用于红细胞沉降速率之测定。因其抗凝血作用较弱而碱性较强，不适用于供化验用的血液样品。做急性血压实验时则用 5%～7%的枸橼酸钠溶液。

附录五　几种易变质药物溶液的配制与保存法

1. 氯化乙酰胆碱

氯化乙酰胆碱在一般水溶液中易水解失效，但在 pH 4 的溶液中则比较稳定。如以 5%的 NaH_2PO_4 溶液配成 0.1%左右的氯化乙酰胆碱贮存液，用小瓶分装，密封后在冰箱中存放，约可保持药效 1 年。临用前用生理盐水稀释至所需浓度。

2. 盐酸肾上腺素

盐酸肾上腺素在溶液中易氧化失效。如溶液带有碱性，则破坏更快。因此，只能以生理盐水稀释，不能以任氏液或台氏液稀释。盐酸肾上腺素的稀释液一般只能保存数小时。如在溶液中添加微量（10^{-4} mol/L）抗坏血酸，则其稳定性可显著提高。

3. 洋地黄

洋地黄的有效成分为苷类物质，后者在水溶液中易水解失效。因而常以片剂和酊剂的形式保存。药理实验室中常于临用前调制成水溶液供用,方法如下:取适量洋地黄酊置蒸发皿中,在水浴上蒸干。冷却后加生理盐水调成适当浓度,过滤后在冰箱中贮存。这种稀释液只能保持药效 3 d。

4. 磷酸组织胺

磷酸组织胺在水溶液中易变质。如溶液呈酸性则较稳定。可以仿照氯化胆碱的方法,以 5% NaH_2PO_4 溶液配制贮存液,临用前以生理盐水稀释至所需浓度。

5. 水杨酸毒扁豆碱

水杨酸毒扁豆碱在水溶液中易氧化变质,在制剂中宜适当添加抗氧化剂。取水杨酸毒扁豆碱 0.1 g 及亚硫酸氢钠 0.05 g,加水至 100 mL,制成 0.1%的水杨酸毒扁豆碱溶液,用棕色瓶贮存,约可保持药效 1 周。如发现溶液出现粉红色,即不可用。

6. 催产素及脑垂体后叶素

催产素及脑垂体后叶素在水溶液中也易变质失效。但如以 0.25%的醋酸溶液配制成每毫升含催产素或脑垂体后叶素 1 U 的贮存液,用小瓶分装,灌封后置冰箱中保存(4 ℃左右,不宜冰冻),约可保持药效 3 个月。临用前用生理盐水稀释至适当浓度。如发现催产素或脑垂体后叶素的溶液中出现沉淀,即不可用。

附录六　洗涤液的配制方法

洗涤液:取重铬酸钾 200 g,研成细粉后置大烧杯内,加水 100 mL 搅拌使溶解。将烧杯移置于冷水盆内,一边搅拌一边分次加入工业硫酸 1 500 mL(每次只能加硫酸 100 mL 左右,如在短时间加入大量硫酸,有可能因产生高热而导致液体飞溅)。当重铬酸钾完全溶解,液体充分冷却后即可供用。

配制好的洗涤液应加盖保存,否则可因吸取空气中的水分而溶液稀释,洗涤液经过使用后如颜色由赤褐转成黄绿,即丧失氧化力,不能再用。